KB184651

방구석 탈출

글로벌 어린이 대한민국 지도

The Atlas of Korea

스마트베어

차 례

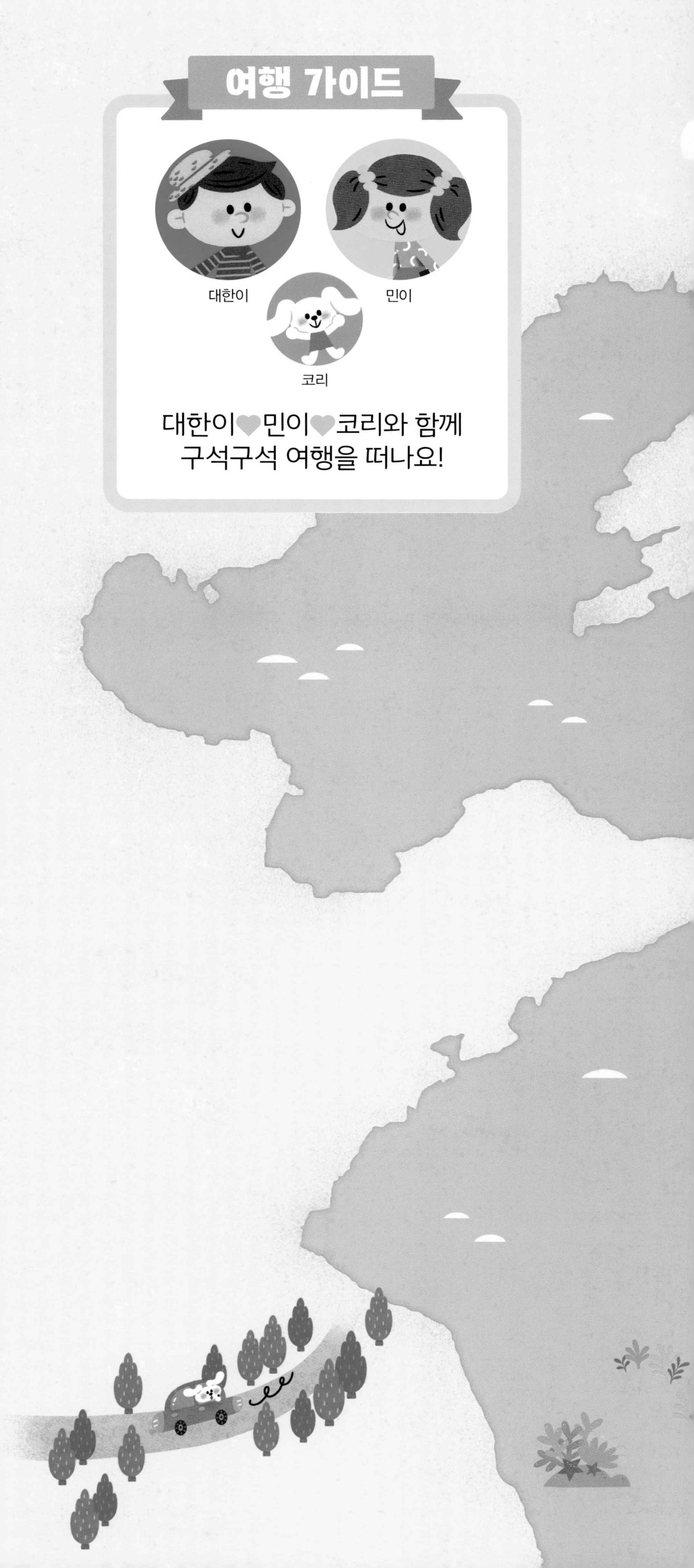

*각 시도별 면적 : 국토교통부 지적통계연보(2023) 기준
*각 시도별 인구 : 행정안전부 주민등록 인구통계(2024) 기준

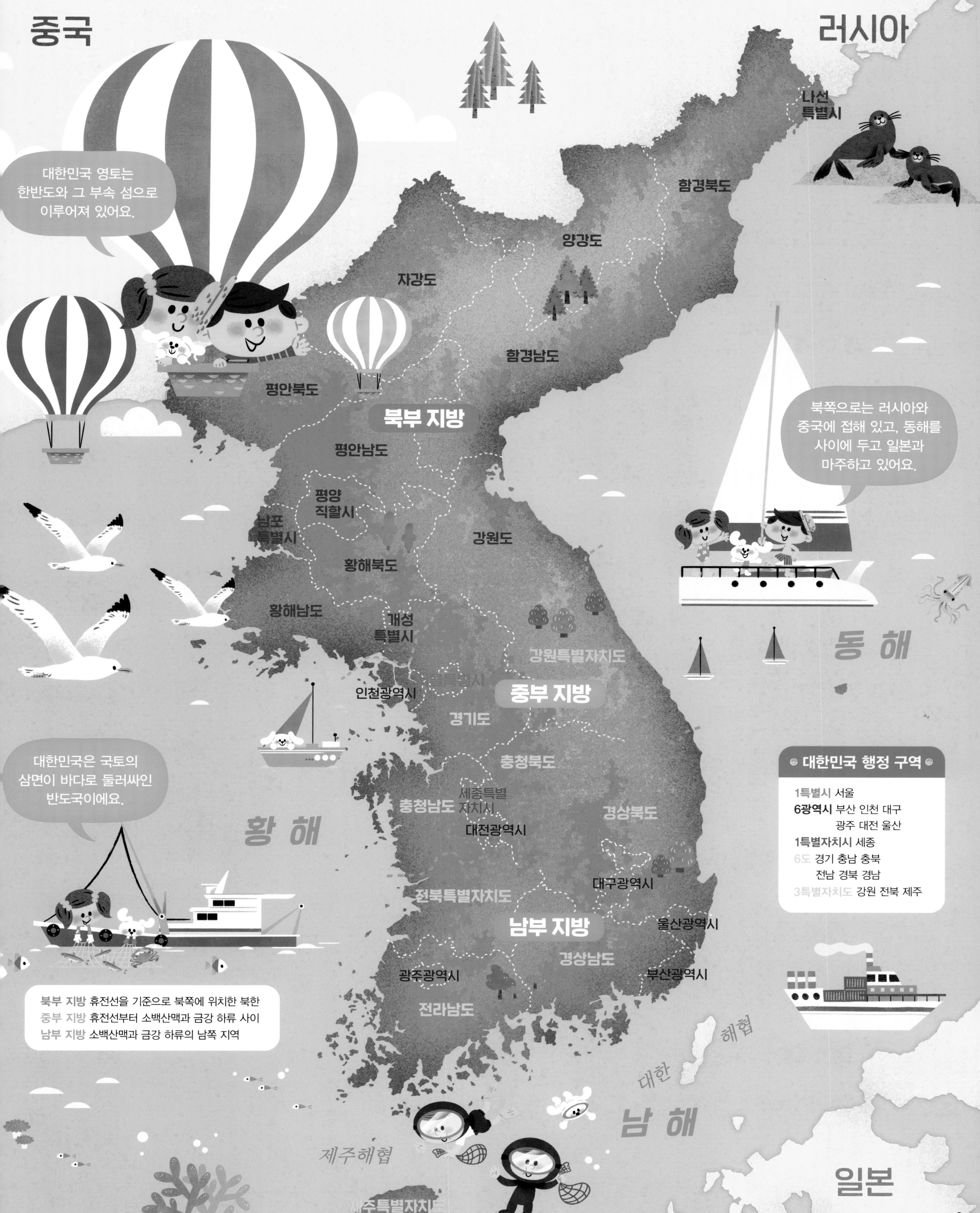

중국
러시아
나선
특별시
대한민국 영토는
한반도와 그 부속 섬으로
이루어져 있어요.
함경북도
양강도
자강도
함경남도
평안북도
북부 지방
평안남도
북쪽으로는 러시아와
중국에 접해 있고, 동해를
사이에 두고 일본과
마주하고 있어요.
평양
직할시
남포
특별시
강원도
황해북도
황해남도
개성
특별시
동 해
강원특별자치도
중부 지방
인천광역시
경기도
충청북도
대한민국은 국토의
삼면이 바다로 둘러싸인
반도국이에요.
대한민국 행정 구역
1특별시 서울
6광역시 부산 인천 대구
광주 대전 울산
1특별자치시 세종
6도 경기 충남 충북
전남 경북 경남
3특별자치도 강원 전북 제주
세종특별
자치시
충청남도
경상북도
황 해
대전광역시
대구광역시
전북특별자치도
남부 지방
울산광역시
경상남도
광주광역시
부산광역시
북부 지방 휴전선을 기준으로 북쪽에 위치한 북한
중부 지방 휴전선부터 소백산맥과 금강 하류 사이
남부 지방 소백산맥과 금강 하류의 남쪽 지역
전라남도
대한 해협
남 해
제주해협
일본
제주특별자치도

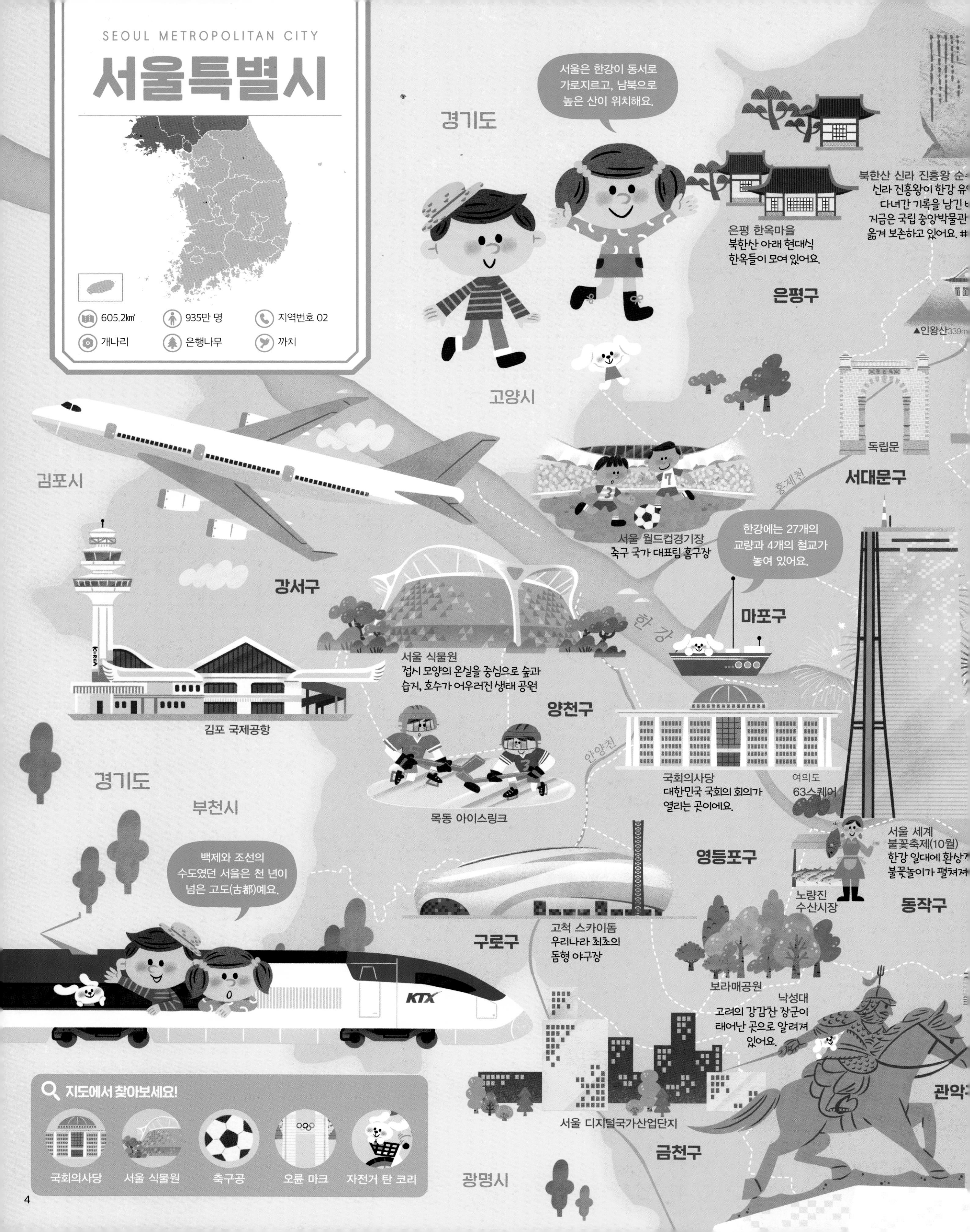
SEOUL METROPOLITAN CITY
서울특별시
605.2㎢
935만 명
지역번호 02
개나리
은행나무
까치
서울은 한강이 동서로 가로지르고, 남북으로 높은 산이 위치해요.
경기도
은평 한옥마을
북한산 아래 현대식 한옥들이 모여 있어요.
은평구
▲인왕산
고양시
독립문
서대문구
홍제천
김포시
서울 월드컵경기장
축구 국가 대표팀 홈구장
한강에는 27개의 교량과 4개의 철교가 놓여 있어요.
강서구
마포구
한강
서울 식물원
접시 모양의 온실을 중심으로 숲과 습지, 호수가 어우러진 생태 공원
양천구
김포 국제공항
안양천
국회의사당
대한민국 국회의 회의가 열리는 곳이에요.
여의도
63스퀘어
목동 아이스링크
경기도
부천시
서울 세계 불꽃축제(10월)
백제와 조선의 수도였던 서울은 천 년이 넘은 고도(古都)예요.
영등포구
노량진 수산시장
동작구
고척 스카이돔
우리나라 최초의 돔형 야구장
구로구
KTX
보라매공원
낙성대
고려의 강감찬 장군이 태어난 곳으로 알려져 있어요.
지도에서 찾아보세요!
국회의사당
서울 식물원
축구공
오륜 마크
자전거 탄 코리
서울 디지털국가산업단지
금천구
광명시

도봉구
강북구
▲북한산836m
서울에서 가장 높은 산.
백운대, 인수봉, 만경대의
세 봉우리가 뾰족해서
'삼각산'이라 불려요.
국립 4·19 민주묘지 1960년에 일어난
4·19 혁명의 희생자들이 묻힌 묘역
방학동 은행나무
550살 정도로 추정되는 서울의
최고령 은행나무 중 하나
노원구
▲불암산510m
태릉
중종의 왕비
문정왕후의 능
#조선 왕릉
#세계유산
남양주시
대한민국의 수도
서울의 인구는
천만 명에 이르러요.
경기도
악산342m
북서울꿈의숲
전망대에 올라 북한산과
수락산을 한눈에 볼 수 있어요.
먹골배
의릉
경종의 능
#조선 왕릉
#세계유산
정릉
태조의 왕비 신덕왕후의 능
#조선 왕릉 #세계유산
중랑구
성북구
동대문구
설렁탕
풍년을 기원하며
선농단에서 제사를
지내고 먹었던 음식
따릉이 서울 시민이
이용하는 공공 자전거
경복궁
조선 왕조의 법궁
종로구
서울 장미축제(5월)
중랑천 일대에 장미가 피어
장미 터널을 이루어요.
구리시
동대문 디자인플라자(DDP)
중랑천
•서울특별시청
중구
성동구
광진구
▲아차산295m
숭례문
한양 도성의
정문 #국보
▲남산270m
서울숲
암사동 유적
한강변에 자리한 신석기 시대 유적으로
빗살무늬 토기, 돌도끼 등이 출토되었어요.
서울 어린이대공원
동물원, 식물원, 놀이 공간이
어우러진 가족 테마파크
용산구
강동구
올림픽공원
공원 안에 백제 위례성의
몽촌토성 유적이 남아 있어요.
#서울 백제어린이박물관
국립 중앙박물관
한 강
하남시
강남구
종합운동장
송파구
경기도
대법원
선릉과 정릉
성종과 중종의 능
#조선 왕릉
#세계유산
트레이드타워
무역 회사들이
모여 있어요.
탄천
양재천
서초구
롯데월드타워
우리나라에서
가장 높은 건축물
국립 서울현충원
나라를 위해 목숨을
바친 순국선열을
추모하는 공원
예술의전당
공연장, 미술관, 박물관이 모여 있는
복합 문화 예술 공간
롯데월드 어드벤처
실내와 야외에서 다양한
놀이기구를 탈 수 있어요.
매헌시민의숲
헌릉과 인릉
태종과 순조의 능
#조선 왕릉 #세계유산
▲관악산
632m
과천시
경기도

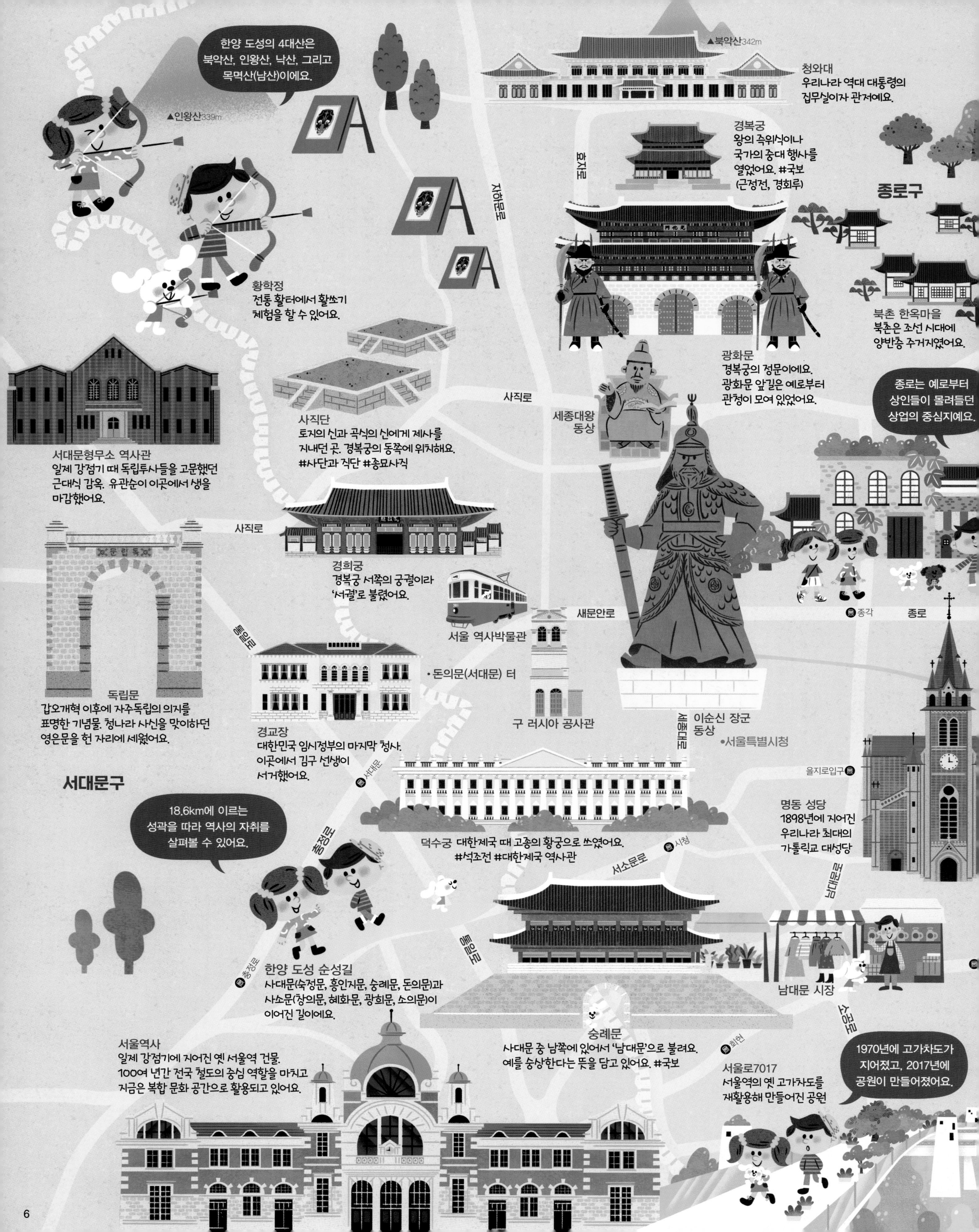
한양 도성의 4대산은 북악산, 인왕산, 낙산, 그리고 목멱산(남산)이에요.
▲북악산342m
▲인왕산339m
청와대
우리나라 역대 대통령의 집무실이자 관저예요.
경복궁
왕의 즉위식이나 국가의 중대 행사를 열었어요. #국보 (근정전, 경회루)
효자로
자하문로
종로구
황학정
전통 활터에서 활쏘기 체험을 할 수 있어요.
북촌 한옥마을
북촌은 조선 시대에 양반층 주거지였어요.
광화문
경복궁의 정문이에요. 광화문 앞길은 예로부터 관청이 모여 있었어요.
사직로
종로는 예로부터 상인들이 몰려들던 상업의 중심지예요.
세종대왕 동상
사직단
토지의 신과 곡식의 신에게 제사를 지내던 곳. 경복궁의 동쪽에 위치해요. #사단과 직단 #종묘사직
서대문형무소 역사관
일제 강점기 때 독립투사들을 고문했던 근대식 감옥. 유관순이 이곳에서 생을 마감했어요.
사직로
경희궁
경복궁 서쪽의 궁궐이라 '서궐'로 불렸어요.
새문안로
종각
종로
서울 역사박물관
통일로
돈의문(서대문) 터
독립문
갑오개혁 이후에 자주독립의 의지를 표명한 기념물. 청나라 사신을 맞이하던 영은문을 헌 자리에 세웠어요.
경교장
대한민국 임시정부의 마지막 청사. 이곳에서 김구 선생이 서거했어요.
구 러시아 공사관
세종대로
이순신 장군 동상
서울특별시청
서대문구
서대문
을지로입구
명동 성당
1898년에 지어진 우리나라 최대의 가톨릭교 대성당
18.6km에 이르는 성곽을 따라 역사의 자취를 살펴볼 수 있어요.
충정로
덕수궁 대한제국 때 고종의 황궁으로 쓰였어요. #석조전 #대한제국 역사관
시청
서소문로
남대문로
통일로
충정로
한양 도성 순성길
사대문(숙정문, 흥인지문, 숭례문, 돈의문)과 사소문(창의문, 혜화문, 광희문, 소의문)이 이어진 길이에요.
남대문 시장
소공로
서울역사
일제 강점기에 지어진 옛 서울역 건물. 100여 년간 전국 철도의 중심 역할을 마치고 지금은 복합 문화 공간으로 활용되고 있어요.
숭례문
사대문 중 남쪽에 있어서 '남대문'으로 불려요. 예를 숭상한다는 뜻을 담고 있어요. #국보
회현
서울로7017
서울역의 옛 고가차도를 재활용해 만들어진 공원
1970년에 고가차도가 지어졌고, 2017년에 공원이 만들어졌어요.

SEOUL CITY WALL

한양 도성

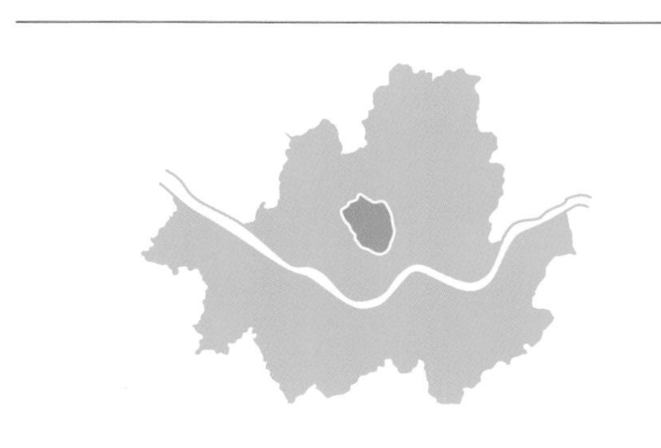

문묘와 성균관
문묘는 공자를 비롯한 유교 성현들의 제사를 지내는 곳이에요. 조선의 최고 교육기관이었던 성균관이 함께 있어요.

문묘 은행나무
서울의 최고령 은행나무 #천연기념물

창덕궁
조선의 여러 궁궐 중에서 자연과 가장 잘 어우러진 궁
#국보(인정전) #세계유산

창경궁
창덕궁과 함께 '동궐'로 불렸어요. 일제 강점기 때 종묘와 끊겼던 지형을 최근에 복원했어요.
#국보(명정전)

▲낙산124m

종묘 조선 시대 역대 왕과 왕비의 위패를 모신 왕실의 사당으로 단일 목조 건축물 중 최대 규모예요. #국보(정전) #세계유산

• 한양 도성 박물관

원각사지 십층석탑
전체가 대리석으로 이루어진 조선 시대의 석탑. 유리 보호각으로 보호하고 있어요.
#국보 #탑골공원

흥인지문
한양 도성의 동문. 사대문 중 동쪽에 있어서 '동대문'으로 불려요. 성문 중 유일하게 옹성을 갖추었어요.

동대문 종합시장

청계천
일제 강점기 때 복개했던 하천을 복원해 시민들의 휴식 공간이 되었어요.

동대문 디자인플라자(DDP)
다양한 전시, 공연, 패션쇼 등이 열려요.

광희문
사소문 중 남문으로, '남소문'이라고도 불려요.

장충동 족발

신당동 떡볶이

남산골 한옥마을
도심 한가운데에 유서 깊은 한옥들이 모여 있어요.

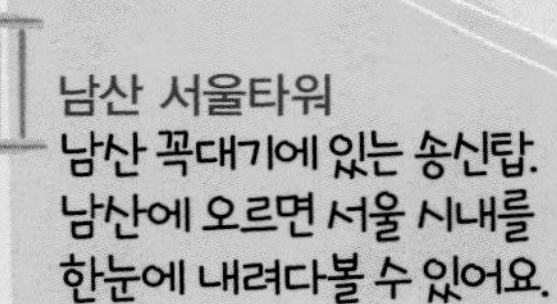

남산 서울타워
남산 꼭대기에 있는 송신탑. 남산에 오르면 서울 시내를 한눈에 내려다볼 수 있어요.

▲남산270m

지도에서 찾아보세요!

전차

세종대왕 동상

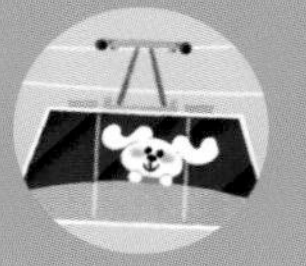
케이블카

청와대

쇼핑하는 코리

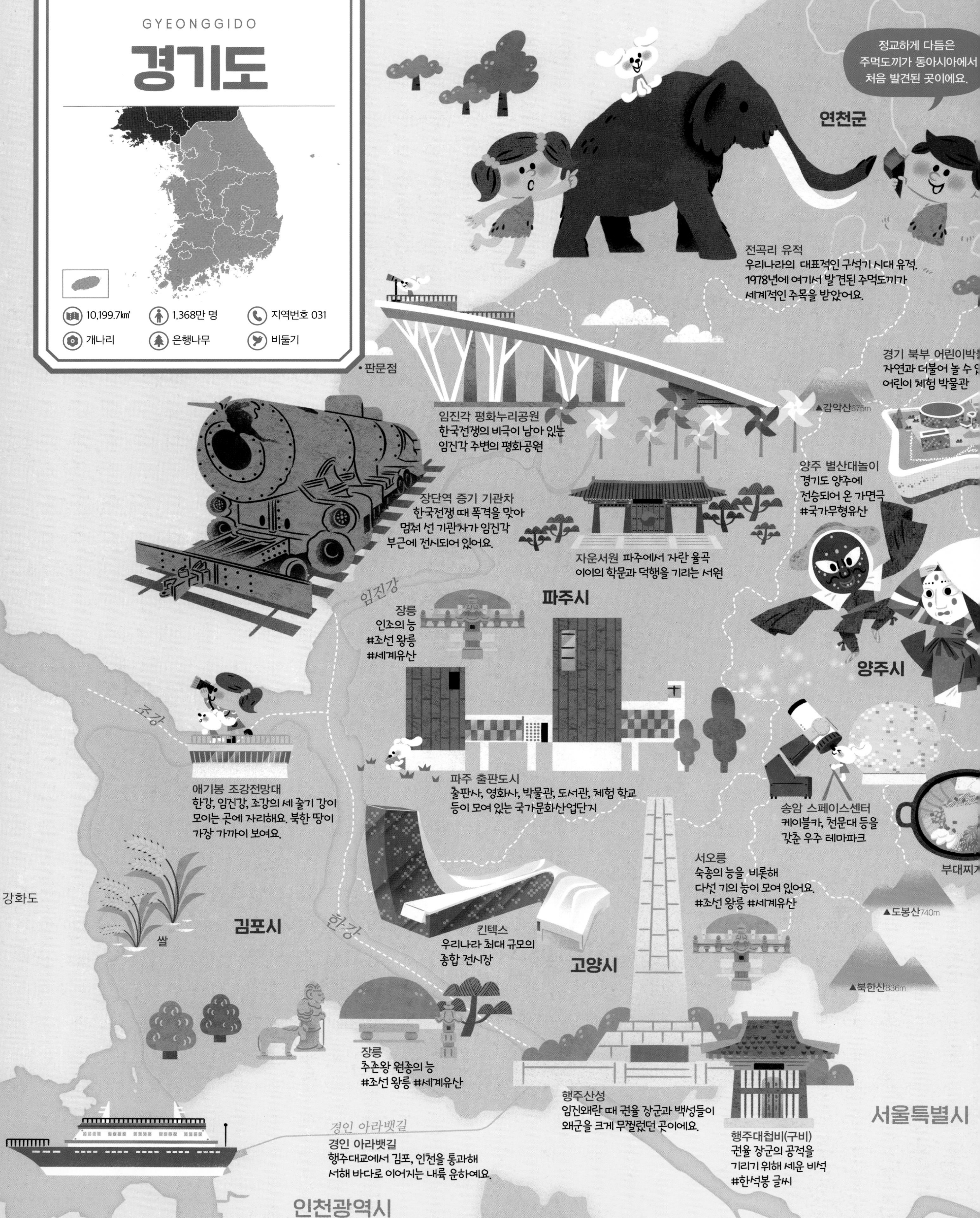
GYEONGGIDO
경기도
10,199.7㎢
1,368만 명
지역번호 031
개나리
은행나무
비둘기
정교하게 다듬은 주먹도끼가 동아시아에서 처음 발견된 곳이에요.
연천군
전곡리 유적
우리나라의 대표적인 구석기 시대 유적. 1978년에 여기서 발견된 주먹도끼가 세계적인 주목을 받았어요.
판문점
임진각 평화누리공원
한국전쟁의 비극이 남아 있는 임진각 주변의 평화공원
▲감악산675m
양주 별산대놀이
경기도 양주에 전승되어 온 가면극
#국가무형유산
장단역 증기 기관차
한국전쟁 때 폭격을 맞아 멈춰 선 기관차가 임진각 부근에 전시되어 있어요.
자운서원 파주에서 자란 율곡 이이의 학문과 덕행을 기리는 서원
임진강
장릉
인조의 능
#조선 왕릉
#세계유산
파주시
양주시
조강
애기봉 조강전망대
한강, 임진강, 조강의 세 줄기 강이 모이는 곳에 자리해요. 북한 땅이 가장 가까이 보여요.
파주 출판도시
출판사, 영화사, 박물관, 도서관, 체험 학교 등이 모여 있는 국가문화산업단지
송암 스페이스센터
케이블카, 천문대 등을 갖춘 우주 테마파크
서오릉
숙종의 능을 비롯해 다섯 기의 능이 모여 있어요.
#조선 왕릉 #세계유산
강화도
김포시
쌀
한강
킨텍스
우리나라 최대 규모의 종합 전시장
고양시
▲도봉산740m
▲북한산836m
장릉
추존왕 원종의 능
#조선 왕릉 #세계유산
행주산성
임진왜란 때 권율 장군과 백성들이 왜군을 크게 무찔렀던 곳이에요.
행주대첩비(구비)
권율 장군의 공적을 기리기 위해 세운 비석
#한석봉 글씨
서울특별시
경인 아라뱃길
경인 아라뱃길
행주대교에서 김포, 인천을 통과해 서해 바다로 이어지는 내륙 운하예요.
인천광역시
부천시

북부
한탄강
화천군
▲명성산923m
재인폭포
한탄강 줄기의 폭포. 폭포의 이름과 관련된 안타까운 전설이 전해져요.
#세계지질공원
산정호수 산속 우물이란 뜻의 인공 호수. 산봉우리들이 그림처럼 호수를 감싸고 있어요.
경기도의 북동쪽은 산간 지역이라 때묻지 않은 자연을 느낄 수 있어요.
막걸리
이동 갈비
포천시
▲명지산1,252m
▲연인산1,077m
두천시
아트밸리
폐허가 된 화강암 채석장을 친환경적으로 복구한 생태 문화 공원이에요.
▲운악산935m
잣
춘천시
북한강
용추계곡 용추폭포를 비롯해 옥계구곡이라 불리는 아홉 개의 절경이 이어지는 계곡이에요.
가평군
강원특별자치도
광릉
세조의 능
#조선 왕릉
#세계유산
국립 수목원(광릉숲)
조선 세조의 능림인 광릉숲에 조성된 수목원으로 크낙새, 하늘다람쥐 등 희귀 동식물이 서식해요.
부시
▲축령산887m
아침고요수목원
축령산 자락에 있는 수목원. 특색 있는 정원들이 조성되어 있어요.
한강의 지류인 북한강에 댐을 세울 때 여러 호수가 생겼어요.
딸기
남양주시
청평댐
청평호
먹골배
▲천마산810m
홍천군
홍릉과 유릉
고종과 순종의 능
#조선 왕릉 #세계유산
동구릉
태조 이성계의 능을 비롯해 아홉 기의 능이 모여 있어요.
#조선 왕릉 #세계유산
북한강
청평호
북한강에 청평댐이 세워져 생긴 호수로 산과 어우러져 아름다운 경관을 자랑해요.
구리시
물의정원
정약용 유적지
남양주의 능내는 조선 후기의 실학자 정약용이 태어난 곳이에요.
양평군
한강
하남시
팔당댐
팔당호
광주시
남한강
지도에서 찾아보세요!
주먹도끼
무당벌레
책 읽는 코리
오리 배
바람개비

김포시
고양시
서울특별시
인천광역시
한강
안양천
한국 만화 박물관
부천시
서울 대공원
동물원, 식물원, 미술관, 서울랜드 등이 어우러진 테마파크
양재천
영종도
광명시
▲관악산632m
과천시
안양시
광명동굴
▲청계산618m
시흥시
의왕시
안양 예술공원
▲수리산469m
군포시
철도박물관
우리나라 철도의 역사를 한눈에 볼 수 있어요.
▲광교산582m
안산시
오이도 빨강등대
철쭉동산
경기만
옹진군
시화호
반월 국가산업단지
수원시
•경기도청
영흥도
선재도
시화 방조제
시흥 오이도와 안산 대부도를 잇는 방조제
대부도
공룡알 화석산지
화성 고정리에서 공룡알 화석이 무더기로 발견되었어요. #천연기념물
화성행궁
정조가 수원에 화성을 축성하고 지은 행궁. 여러 행궁 가운데 가장 규모가 커요.
왕갈비
포도
화성시
황 해
제부도
서해안은 수심이 얕고 조수간만의 차가 커서 갯벌이 발달했어요.
독산성 세마대지
임진왜란 때 권율 장군이 왜적을 속이기 위해 쌀로 말을 씻겼다는 이야기가 전해져요.
오산시
바지락
화성호
융릉과 건릉
사도세자(장조)와 정조의 능
#조선 왕릉 #세계유산
배
대난지도
소난지도
아산만
평택시
서해대교
아산만의 넓은 바다를 가로질러 경기 평택과 충남 당진을 잇는 교량
안성천
평택 농악
#국가무형유산
행담도
•평택항
충청남도
당진시
쌀
아산시
아산호

남부
가평군
남양주시
북한강
▲유명산864m
▲용문산1,157m
용문사 은행나무
1,100살 정도로 추정되는
최고령, 최고 높이 은행나무
#천연기념물
무고아원
려진 나무들을 옮겨 심어
롭게 가꾸어 놓은 숲
하남시
미사리 유적
팔당호
두물머리
북한강과 남한강의
두 물이 합쳐지는 곳
양평군
남한강
남한강이 가로지르는
양평은 경기도에서 가장
넓은 지역이에요.
남한산성
삼국 시대부터 있었던 산성. 병자호란 때 인조는
이곳으로 피난해 47일간 청나라군에 항전했어요.
#세계유산
광주시
천진암 성지
우리나라 천주교의
발상지로 꼽혀요.
영릉
세종대왕의 능
#조선 왕릉
#세계유산
강원특별
자치도
원주시
이천에는 좋은 흙과
땔나무, 그리고 유명한
도공들이 많았어요.
화담숲
광주에 위치한
생태 수목원
이천시
여주시
한국 민속촌
고구마
신륵사 다층전탑
남한강변에 자리한 신륵사에는 고려
시대의 전탑이 유일하게 남아 있어요.
용인시
이천 도자기축제(4~5월)
이천은 예부터 도자기 주요 생산지로
도예 역사와 전통을 잇고 있어요.
에버랜드
놀이기구와 사파리를 즐길 수 있는
우리나라 최대 테마파크
백암 순대
쌀
안성 3•1 운동 기념관
안성은 3•1 운동 당시에 가장 격렬한
만세운동이 펼쳐졌던 곳 중 하나예요.
배
도자기
안성시
충주시
충청북도
음성군
안성 바우덕이축제(10월)
인류무형유산인 남사당놀이를
소재로 열리는 공연 축제
팜랜드
사시사철 꽃피는 드넓은
목초지의 체험 목장
유기
예로부터 안성의 맞춤유기는 주문한
사람들의 마음에 꼭 들었다 하여
'안성맞춤'이란 말이 생겼어요.
천안시
지도에서 찾아보세요!
동굴 속 코리
공룡알
모노레일
지구별
등대

고석정
정자와 고석이 어우러진
한탄강의 협곡
#세계지질공원
한탄강
▲오성산1,049m
통일전망대
가장 북쪽에 있는 전망대.
맑은 날에는 금강산이 보여요.
▲향로봉1,290m
비무장지대(DMZ)
북방한계선과 남방한계선 사이의 4km에 이르는 비무장지대에는
때묻지 않는 생태계가 보존되어 여러 야생 동물들이 살고 있어요.
▲가칠봉1,242m
▲칠절봉1,171m
철원군
쌀
북한강
양구군
황태
백담사
인제군
화천군
토마토
▲대암산1,313m
직탕폭포
거대한 현무암 위로 쏟아지는
계단 모양의 폭포 #세계지질공원
▲광덕산1,049m
화천 산천어축제(1월)
얼음낚시와 맨손잡기로
산천어를 낚을 수 있어요.
파로호
▲사명산1,198m
국토정중앙
천문대
포천시
▲설악산1,708m
▲화악산1,468m
남이섬은 청평댐 건설로
북한강 한가운데에
생겨난 섬이에요.
애니메이션박물관
닭갈비
소양강댐
소양호
춘천시
소양강
의암호
•강원특별자치도청
▲방태산1,446m
자작나무숲
자작나무가 빽빽이 들어찬 숲에서
산림욕을 즐길 수 있어요.
▲가리산1,051m
남이섬
남이섬
남이 장군이 이 섬에 묻혔다는
전설이 전해 내려오며, 장군의
넋을 위로하는 추모비가 있어요.
홍천군
은행나무숲
매년 10월에만
개방하는 숲
산으로 둘러싸인
평창에서 2018년 동계
올림픽이 열렸어요.
춘천 마임축제(5월)
세계 3대 마임축제
옥수수
북한강
가평군
잣
▲오음산
929m
▲태기산1,259m
한우
횡성군
평창군
안흥 찐빵
경기도
평창 효석문화제(9월)
복숭아
▲치악산1,282m
원주시
반계리 은행나무
수령 800년이 넘은
은행나무 #천연기념물
▲백운산
1,086m
영월군
한반도지형
전망대에 오르면 한반도 지형을
꼭 닮은 습지가 한눈에 들어와요.
지도에서 찾아보세요!
동종
서핑보드
보드 타는 코리
송이버섯
고석정
충청북도
제천시
충주시
단양군
장릉

GANGWON STATE
강원특별자치도
16,830.8㎢
152만 명
지역번호 033
철쭉
잣나무
두루미
복어
동해안은 물이 맑고 파도가 높아서 서퍼들이 즐겨 찾아요.
속초아이
낙산
낙산사
신라 의상대사가 창건한 고찰 #관동팔경
양양군
서피 비치
서핑 전용 해변
송이버섯
강릉 단오제(음력 5월)
단옷날에 제례를 지내고 각종 민속 놀이가 펼쳐져요. #인류무형문화유산
경포대
오대산1,565m
강릉시
대관령 양떼목장
정동진
오죽헌 주택 건축물 중 역사가 오래된 건물 #율곡 이이 #신사임당 #화폐 인물 출생지
동 해
▲석병산1,053m
망상
▲노추산 1,322m
고랭지 배추
동해시
추암 촛대바위
애국가 영상에서 배경화면으로 등장하는 촛대처럼 생긴 바위
오징어
삼척
가리왕산1,562m
정선군
▲청옥산 1,407m
▲두타산1,357m
방어
화암동굴
금광에서 발견된 자연 동굴 #천연기념물
감자
죽서루
고려 시대에 지어진 누각 #관동팔경 #국보
태백산맥을 기준으로 강원도의 서쪽은 '영서', 동쪽은 '영동'이라 불러요.
환선굴
가장 규모가 큰 석회암 동굴 #천연기념물
삼척시
▲대덕산1,310m
너와집 소나무 널판으로 지붕을 덮어 만든 집
▲함백산1,572m
태백시
동해 산타열차
강릉역과 경북 분천역 산타마을을 오가는 관광열차. 동해의 푸른 바다와 협곡을 감상할 수 있어요.
김삿갓 유적지
'김삿갓'으로 불렸던 방랑 시인 김병연의 묘와 집터가 있어요.
울진군
▲태백산1,567m
▲면산1,246m
▲응봉산1,000m

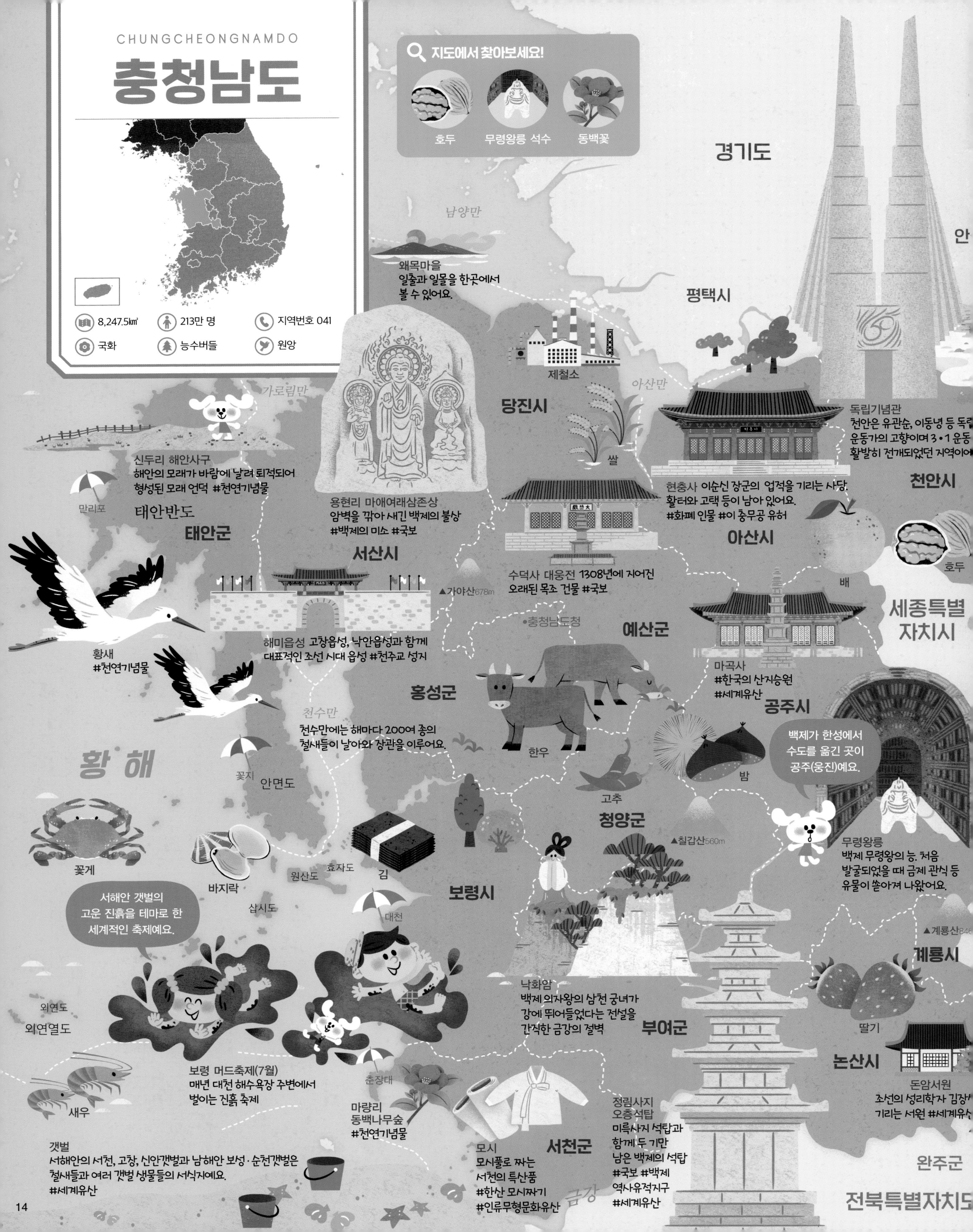

CHUNGCHEONGNAMDO
충청남도
8,247.5㎢
213만 명
지역번호 041
국화
능수버들
원앙
지도에서 찾아보세요!
호두
무령왕릉 석수
동백꽃
경기도
남양만
왜목마을
일출과 일몰을 한곳에서 볼 수 있어요.
평택시
안
제철소
아산만
당진시
쌀
가로림만
신두리 해안사구
해안의 모래가 바람에 날려 퇴적되어 형성된 모래 언덕 #천연기념물
만리포
태안반도
태안군
용현리 마애여래삼존상
암벽을 깎아 새긴 백제의 불상 #백제의 미소 #국보
독립기념관
천안은 유관순, 이동녕 등 독립운동가의 고향이며 3·1 운동이 활발히 전개되었던 지역이에요.
천안시
현충사 이순신 장군의 업적을 기리는 사당. 활터와 고택 등이 남아 있어요. #화폐 인물 #이 충무공 유허
아산시
호두
배
서산시
수덕사 대웅전 1308년에 지어진 오래된 목조 건물 #국보
가야산678m
충청남도청
예산군
세종특별자치시
황새
#천연기념물
해미읍성 고창읍성, 낙안읍성과 함께 대표적인 조선 시대 읍성 #천주교 성지
마곡사
#한국의 산지승원
#세계유산
공주시
홍성군
천수만
천수만에는 해마다 200여 종의 철새들이 날아와 장관을 이루어요.
한우
밤
백제가 한성에서 수도를 옮긴 곳이 공주(웅진)예요.
황해
꽃지
안면도
고추
청양군
칠갑산560m
꽃게
바지락
원산도
효자도
김
무령왕릉
백제 무령왕의 능. 처음 발굴되었을 때 금제 관식 등 유물이 쏟아져 나왔어요.
보령시
삽시도
서해안 갯벌의 고운 진흙을 테마로 한 세계적인 축제예요.
대천
계룡산846
계룡시
외연도
외연열도
낙화암
백제 의자왕의 삼천 궁녀가 강에 뛰어들었다는 전설을 간직한 금강의 절벽
부여군
딸기
논산시
새우
보령 머드축제(7월)
매년 대천 해수욕장 주변에서 벌이는 진흙 축제
춘장대
마량리 동백나무숲
#천연기념물
정림사지 오층석탑
미륵사지 석탑과 함께 두 기만 남은 백제의 석탑
#국보 #백제역사유적지구
#세계유산
돈암서원
조선의 성리학자 김장생을 기리는 서원 #세계유산
갯벌
서해안의 서천, 고창, 신안갯벌과 남해안 보성·순천갯벌은 철새들과 여러 갯벌 생물들의 서식지예요.
#세계유산
모시
모시풀로 짜는 서천의 특산품
#한산 모시짜기
#인류무형문화유산
서천군
금강
완주군
전북특별자치도

지도에서 찾아보세요!
정이품송
돛배 탄 코리
직지심체요절
강원특별자치도
원주시
영월군
동강
도담삼봉
남한강에 솟은 세 개의 봉우리 #단양팔경
▲백운산1,086m
이천시
의림지
삼한 시대에 축조된 오래된 저수지
충청도는 예로부터 호수(의림지)의 서쪽이어서 '호서'라고 불려요.
고추
충주 고구려비
우리나라에서 발견된 유일한 고구려비. 장수왕의 영토 확장을 알려 주는 비석.
#장수왕 #국보
남한강
충주시
충주댐
제천시
단양군
마늘
소백산천문대
▲소백산1,440m
음성군
▲부용산645m
충주호
사과
단양 신라 적성비
고구려 영토였던 남한강 상류를 점령한 뒤 세운 신라의 척경비
#진흥왕 #국보
고수동굴
고생대 석회암층에서 만들어진 석회암 동굴 #천연기념물
다리 고려 초기 임장군이 쌓았다고 전해지는
다리. 천 년이 넘게 원형을 유지하고 있어요.
▲월악산1,095m
수안보온천
영주시
진천군
증평군
괴산군
▲주흘산1,108m
인삼
옥수수
고추
문경시
충청북도는 우리나라에서 바다에 접해 있지 않은 유일한 내륙도예요.
계에서 가장 오래된
속활자본 <직지심체요절>을
행했던 흥덕사
에 위치해요.
충청북도청
청주시
대추
보은군
▲속리산1,058m
속리 정이품송
조선 세조가 법주사로 행차할 때 가지를 들어올렸다는 소나무
#천연기념물
대청댐
법주사 팔상전
우리나라 유일의 오층 목탑
#국보 #한국의 산지승원 #세계유산
상주시
경상북도
대청호
전광역시
옥천군
▲팔음산771m
수생식물학습원
아름다운 호수 정원에 각종 수생식물과 야생화가 자생하고 있어요.
CHUNGCHEONGBUKDO
충청북도
영동군
금산군
금강
월류봉
'달이 머물다 가는 봉우리'라는 뜻이에요.
조선의 학자 송시열이 근처에 머물며 학문을 연구했다고 전해져요.
포도
칠백의총
임진왜란 때 왜적과 싸우다 순절한 700 의병들의 묘역
인삼
▲민주지산1,242m
김천시
7,407㎢
159만 명
지역번호 043
백목련
느티나무
까치

JEONBUK STATE

전북특별자치도

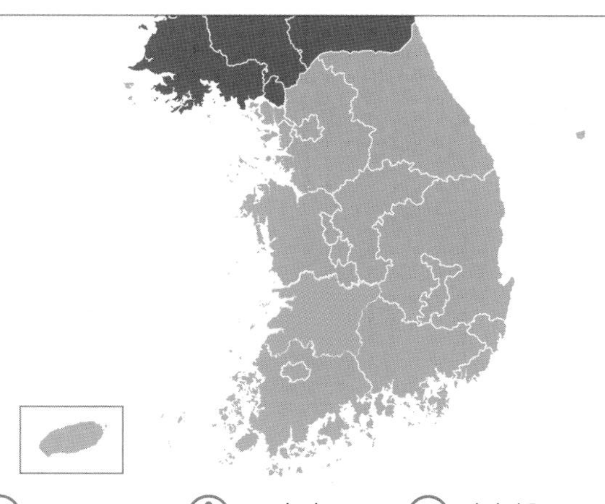

8,073.3㎢ | 174만 명 | 지역번호 063

백일홍 | 은행나무 | 까치

지도에서 찾아보세요!

굴비 | 동굴 속 코리 | 비빔밥

부여군

논산시

서천군

충청남도

금강

전북 익산은 공주, 부여에 이은 백제의 왕도였어요.

미륵사지 석탑
우리나라에서 가장 규모가 크고 오래된 백제의 석탑
#국보 #백제 역사유적지구 #세계유산

▲대둔산878m

익산시

보석 박물관

생강

완주군

군산시

시간여행마을
군산의 옛 도심에는 근대문화 유산이 많이 남아 있어요.

만경강

쌀

김제시

벽골제 우리나라에서 가장 오래된 저수지 둑

금산사 미륵전
국내 유일의 삼층 불전. 후백제의 견훤이 갇금 되었던 사찰 #국보

비빔밥

•전북특별자치도청

전주시

▲운장산1,126m

진안군

용담호

인삼

▲모악산795m

탑사 마이산 아래 80여 기의 크고 작은 돌탑이 있어요.

라제통문
신라와 백제의 국경을 이루는 고개에 뚫어 놓은 석굴

무주군

무주 반딧불축제(9월)
청정한 곳에서만 서식하는 반딧불이를 만날 수 있어요.

▲덕유산1,614m

사과

거창군

장수군

함양군

고군산군도

선유도

무녀도

새만금 방조제
세계에서 가장 긴 방조제

갈치

백합

비안도

황 해

도자기

부안군

변산

변산반도

채석강
책을 쌓아놓은 듯한 퇴적암층과 해식 동굴을 볼 수 있어요.
#세계지질공원

상왕등도

하왕등도

위도

새우

곰소만

김

조기

정읍시

젖소

임실군

남원은 춘향전의 배경이 되는 곳이에요. 광한루에서 춘향과 몽룡이 만났지요.

광한루
조선의 명재상 황희가 남원에 유배되었을 때 지은 누각

경상남도

치즈

고창군

▲선운산335m

선운사 동백나무숲
#천연기념물

▲내장산764m
가을이면 단풍으로 아름답게 물들어요.

순창군

남원시

고추장

목기

섬진강

서해안은 강수량이 적고 일조량이 많아 소금을 만드는 염전이 발달했어요.

가마미

복분자

고창 고인돌 유적
다양한 형식의 고인돌이 큰 군집을 이루고 있어요.
#세계유산

장성군

화엄사 사사자 삼층석탑
네 마리 사자가 기둥을 받치고 있는 신라의 사자탑
#국보

▲지리산1,915m
우리나라에서 두 번째로 높은 산이자 가장 넓은 산이에요.

굴비

영광군

필암서원
조선의 성리학자 김인후를

대나무숲

담양군

멜론

곡성군

산수유

구례군

JEOLLANAMDO
전라남도
12,362.3㎢
179만 명
지역번호 061
동백꽃
은행나무
산비둘기
신안군
목포시
무안군
영암군
나주시
화순군
순천시
광양시
여수시
보성군
장흥군
강진군
해남군
진도군
완도군
고흥군
함평 나비대축제(4~5월)
다채로운 꽃과 나비, 곤충을
테마로 한 축제
섬진강 기차마을
증기 기관차, 미니 기차 등
기차를 테마로 한 마을
광양시
매화마을
봄이면 섬진강을
따라 매화꽃이
지천으로 피어요.
제철소
광양만
묘도
낙안읍성
조선 시대 성곽과
마을이 원형대로
남아 있어요.
매실
순천만 국가정원
순천만
진남관 임진왜란 때 이순신 장군이
지휘하던 수군의 중심 기지 #국보
판소리
#인류무형문화유산
소리꾼이 구연하는
민속 음악이에요.
무등산
1,187m
무등산
양떼목장
화순 고인돌 유적
계곡을 따라 고인돌이 밀집
분포해 있어요. #세계유산
곰탕
배
무화과
영산강
양파
쌀
전라남도에는
2,000개가 넘는
섬이 있어요.
•전라남도청
국제 카트경기장
▲월출산
811m
다산초당
조선 후기의 실학자 다산 정약용이
유배 생활을 하며 책을 저술한 곳
녹차밭 보성에는 녹색의 카펫을 깔아
놓은 듯한 드넓은 차밭이 있어요.
마늘
꼬막
득량만
득량도
유자
표고버섯
여자만
오동도
오동도
동백군락
#동백섬
선소 유적
거북선을 만들었던
조선 시대의 조선소
여수반도
여수만
돌산도
방죽포
백야도
개도
돌산갓
낭도
남열해돋이
나로 우주센터
나로호와 누리호를 쏘아 올린
대한민국의 우주 기지
대한민국
나로
내나로도
외나로도
금오도
금오열도
안도
연도
고흥반도
보성만
소록도
거금도
금당도
신도
충도
평일도
생일도
시산도
전복
초도
상괭이
남 해
거문도
다도해 해상 국립 공원
서해안의 신안군부터 남해안의 여수시까지
1,700여 개의 섬과 기암괴석 등 해안 지형이
어우러져 빼어난 경관을 자랑해요.
해제반도
함평만
지도
임자도
대파
사옥도
증도
선도
병풍도
무안반도
영해도
매화도
자은도
당사도
암태도
팔금도
안좌도
홍어
장산도
목포 해상케이블카
우리나라에서 가장 긴
케이블카. 유달산과 다도해의
풍광이 한눈에 펼쳐져요.
금호도
영암호
산이반도
금호호
화원반도
고구마
쌀
한반도 남쪽 끝에서부터
북쪽 끝까지의 거리는
3,000리에 달해요.
강진만
고려청자
▲천관산724m
▲두륜산700m
의도
신의도
진도
진돗개
#천연기념물
홍주
신비의 바닷길
물이 빠지면 약 3km의 길이
바다를 가르며 나타나요.
하조도
땅끝전망대
해남의 땅끝마을은
한반도에서 가장
남쪽에 위치해요.
독거군도
우럭
해남반도
땅끝
송호
완도
완도타워
청해진 유적
조약도
완도는 통일 신라 시대의
장보고 장군이 해상을 장악하고
무역을 하던 본거지였어요.
명사십리
신지도
횡간도
노화도
소안군도
보길도
소안도
대모도
청산도
김
지도에서 찾아보세요!
잠자는 코리
양파
꼬막

GYEONGSANGBUKDO

경상북도

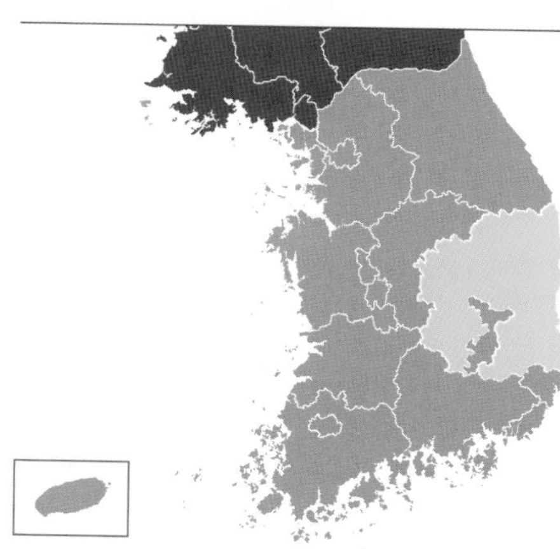

18,424.1㎢ | 253만 명 | 지역번호 054
백일홍 | 느티나무 | 왜가리

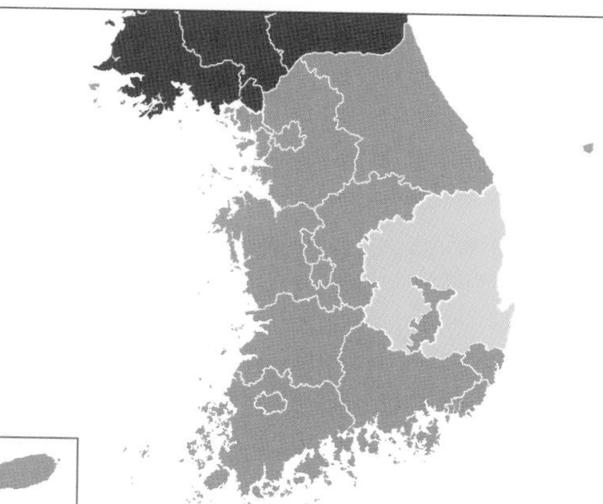

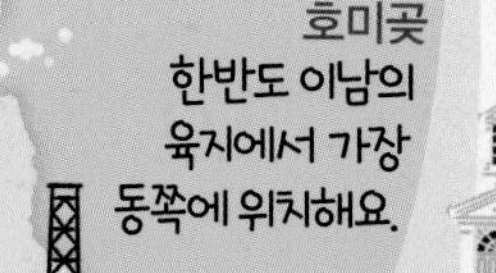

GYEONGSANGNAMDO
경상남도
10,542.5㎢
323만 명
지역번호 055
장미
느티나무
백로
대구광역시
울산광역시
부산광역시
광양시
여수시
수승대
솔숲과 폭포, 바위가 어우러진 계곡
▲가야산1,433m
가야 고분군 #세계유산
고령군
거창군
대추
경산시
삽살개 #천연기념물
청도군
소싸움
첨성대
신라 선덕여왕 때 세운 기상 관측대 #국보
석굴암 아름다운 불상들이 불교 예술의 극치를 보여 주는 석굴 #국보 #세계유산
다보탑 불국사 앞마당의 석탑. 돌계단 위에 있던 돌사자는 세 마리가 유실되어 한 마리만 남아 있어요. #국보
문무대왕릉 삼국 통일을 이룬 신라 문무대왕의 수중 왕릉
▲가지산1,241m
낙동강 유역은 고대 국가 연맹체 가야가 자리했던 곳이에요.
복어
▲백운산1,279m
함양군
사과
합천군
황강
합천호
해인사 대장경판
고려 시대에 새긴 팔만대장경판 #국보 #세계기록유산
창녕 신라 진흥왕 척경비
신라 진흥왕이 가야를 순시한 후 세운 비석 #국보
창녕군
마늘
도자기
밀양시
남명리 얼음골 여름에도 얼음이 어는 신비한 골짜기 #천연기념물
남계서원
조선의 성리학자 정여창을 기리는 서원 #세계유산
황매산 철쭉제 (4~5월)
산청군
목면시배유지
우포늪
자연적으로 형성된 최대 내륙 습지 #천연기념물
의령군
망개떡
낙동강
양산시
가야 고분군 #세계유산
함안군
단감
수로왕릉 가락국의 시조 수로왕의 능. 김해는 500년간 금관가야의 수도였어요.
김해시
창원시
경상남도청
창원 국가산업단지
▲지리산1,915m
딸기
진주시
남강
진양호
하동군
매실
녹차
촉석루 진주성 안의 아름다운 누각
진해 군항제(3~4월)
이순신 장군의 추모제와 함께 벚꽃 축제가 열려요.
진해만
가덕도
수영만
부산만
정어리
우럭
사천시
고성군
로봇랜드
칠천도
옥포만
멸치
화개장터
화개장터
전라도와 경상도 접경에 위치한 전통 시장
참다래
사천만
공룡 박물관
고성에서 우리나라 최초로 공룡 발자국이 발견되었어요.
가조도
충무 김밥
거제시
거제도
조선소
남해군
고사리
사량도
통영시
구조라
남해도
시금치
▲금산705m
미륵도
한산도
추도
나전칠기
해금강
바다의 금강산이라 불리는 바위섬
다랭이마을
비탈진 땅을 계단식 논으로 일군 마을
상주
두미도
남해안 곳곳에는 이순신 장군의 숨결이 남아 있어요.
남 해
거북선
통영은 이순신 장군이 삼도수군통제사가 되어 지휘했던 통제영이 있던 곳이에요.
욕지도
지도에서 찾아보세요!
팔만대장경판
촉석루
쪽배 타는 코리
한려 해상 국립 공원
전남 여수시 오동도에서 경남 거제시에 이르는 뱃길을 따라 크고 작은 섬들과 아름다운 자연경관이 펼쳐져요.

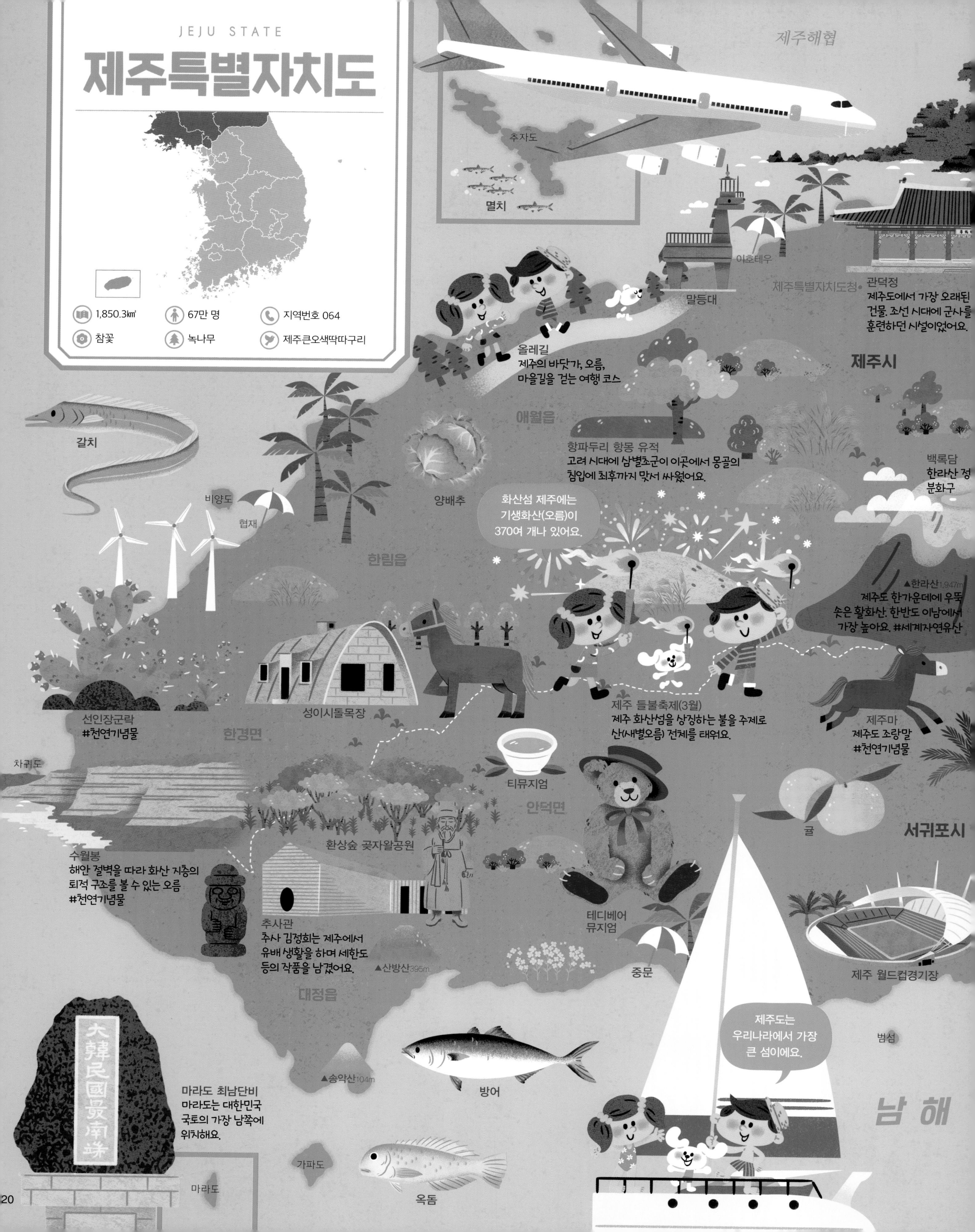
JEJU STATE
제주특별자치도
1,850.3㎢
67만 명
지역번호 064
참꽃
녹나무
제주큰오색딱따구리
제주해협
추자도
멸치
이호테우
말등대
제주특별자치도청
관덕정
제주도에서 가장 오래된 건물. 조선 시대에 군사를 훈련하던 시설이었어요.
올레길
제주의 바닷가, 오름, 마을길을 걷는 여행 코스
제주시
갈치
애월읍
항파두리 항몽 유적
고려 시대에 삼별초군이 이곳에서 몽골의 침입에 최후까지 맞서 싸웠어요.
백록담
한라산 정
분화구
비양도
협재
양배추
화산섬 제주에는 기생화산(오름)이 370여 개나 있어요.
한림읍
▲한라산1,947m
제주도 한가운데에 우뚝 솟은 활화산. 한반도 이남에서 가장 높아요. #세계자연유산
선인장군락
#천연기념물
성이시돌목장
제주 들불축제(3월)
제주 화산섬을 상징하는 불을 주제로 산(새별오름) 전체를 태워요.
제주마
제주도 조랑말
#천연기념물
한경면
차귀도
티뮤지엄
안덕면
귤
서귀포시
환상숲 곶자왈공원
수월봉
해안 절벽을 따라 화산 지층의 퇴적 구조를 볼 수 있는 오름
#천연기념물
추사관
추사 김정희는 제주에서 유배 생활을 하며 세한도 등의 작품을 남겼어요.
테디베어 뮤지엄
▲산방산395m
중문
제주 월드컵경기장
대정읍
제주도는 우리나라에서 가장 큰 섬이에요.
범섬
大韓民國最南端
마라도 최남단비
마라도는 대한민국 국토의 가장 남쪽에 위치해요.
▲송악산104m
방어
남 해
가파도
마라도
옥돔

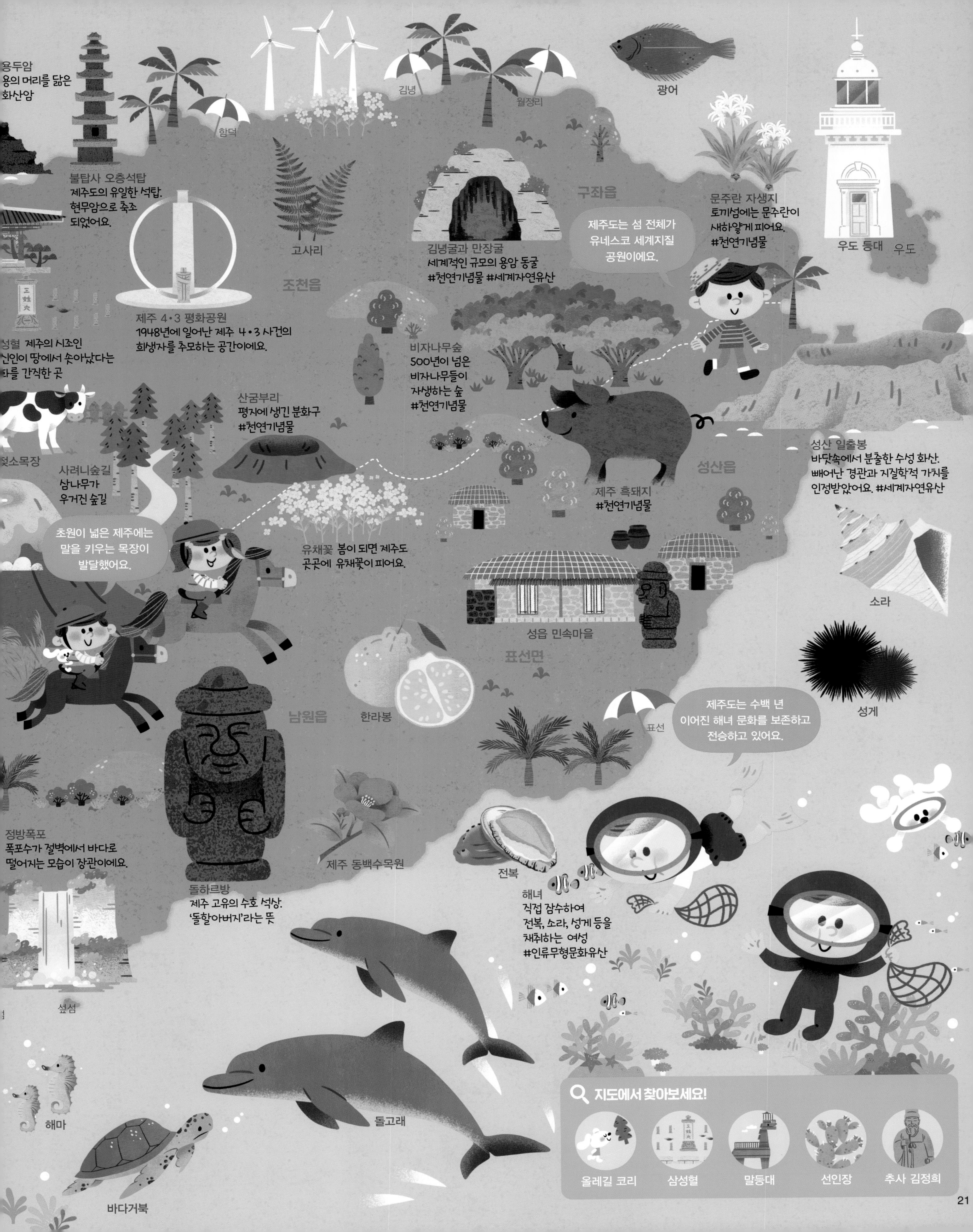

용두암
용의 머리를 닮은
화산암
함덕
김녕
월정리
광어
불탑사 오층석탑
제주도의 유일한 석탑.
현무암으로 축조
되었어요.
고사리
김녕굴과 만장굴
세계적인 규모의 용암 동굴
#천연기념물 #세계자연유산
구좌읍
제주도는 섬 전체가
유네스코 세계지질
공원이에요.
문주란 자생지
토끼섬에는 문주란이
새하얗게 피어요.
#천연기념물
우도 등대
우도
조천읍
제주 4·3 평화공원
1948년에 일어난 제주 4·3 사건의
희생자를 추모하는 공간이에요.
성혈 제주의 시조인
신인이 땅에서 솟아났다는
간직한 곳
비자나무숲
500년이 넘은
비자나무들이
자생하는 숲
#천연기념물
산굼부리
평지에 생긴 분화구
#천연기념물
젖소목장
사려니숲길
삼나무가
우거진 숲길
성산읍
성산 일출봉
바닷속에서 분출한 수성 화산.
빼어난 경관과 지질학적 가치를
인정받았어요. #세계자연유산
제주 흑돼지
#천연기념물
초원이 넓은 제주에는
말을 키우는 목장이
발달했어요.
유채꽃 봄이 되면 제주도
곳곳에 유채꽃이 피어요.
소라
성읍 민속마을
표선면
성게
남원읍
한라봉
표선
제주도는 수백 년
이어진 해녀 문화를 보존하고
전승하고 있어요.
정방폭포
폭포수가 절벽에서 바다로
떨어지는 모습이 장관이에요.
제주 동백수목원
전복
돌하르방
제주 고유의 수호 석상.
'돌할아버지'라는 뜻
해녀
직접 잠수하여
전복, 소라, 성게 등을
채취하는 여성
#인류무형문화유산
섶섬
해마
돌고래
바다거북
지도에서 찾아보세요!
올레길 코리
삼성혈
말등대
선인장
추사 김정희

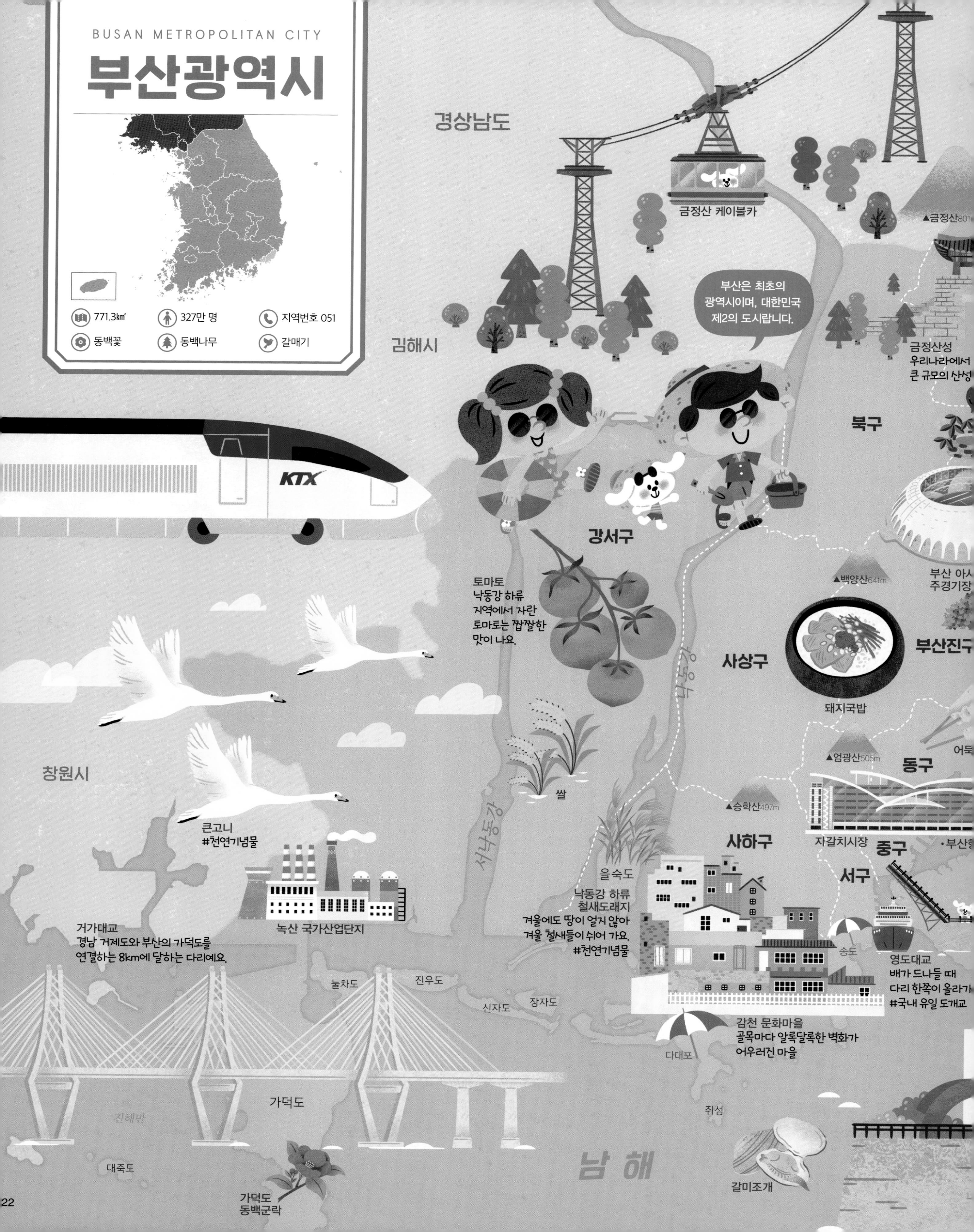

BUSAN METROPOLITAN CITY
부산광역시
771.3㎢
327만 명
지역번호 051
동백꽃
동백나무
갈매기
경상남도
금정산 케이블카
김해시
부산은 최초의 광역시이며, 대한민국 제2의 도시랍니다.
북구
KTX
강서구
▲백양산641m
토마토
낙동강 하류 지역에서 자란 토마토는 짭짤한 맛이 나요.
사상구
낙동강
돼지국밥
창원시
쌀
▲엄광산505m
동구
서낙동강
▲승학산497m
큰고니
#천연기념물
사하구
자갈치시장
중구
을숙도
서구
낙동강 하류 철새도래지
겨울에도 땅이 얼지 않아 겨울 철새들이 쉬어 가요.
#천연기념물
녹산 국가산업단지
거가대교
경남 거제도와 부산의 가덕도를 연결하는 8km에 달하는 다리예요.
송도
눌차도
진우도
신자도
장자도
감천 문화마을
골목마다 알록달록한 벽화가 어우러진 마을
다대포
가덕도
진해만
쥐섬
남 해
대죽도
갈미조개
가덕도 동백군락

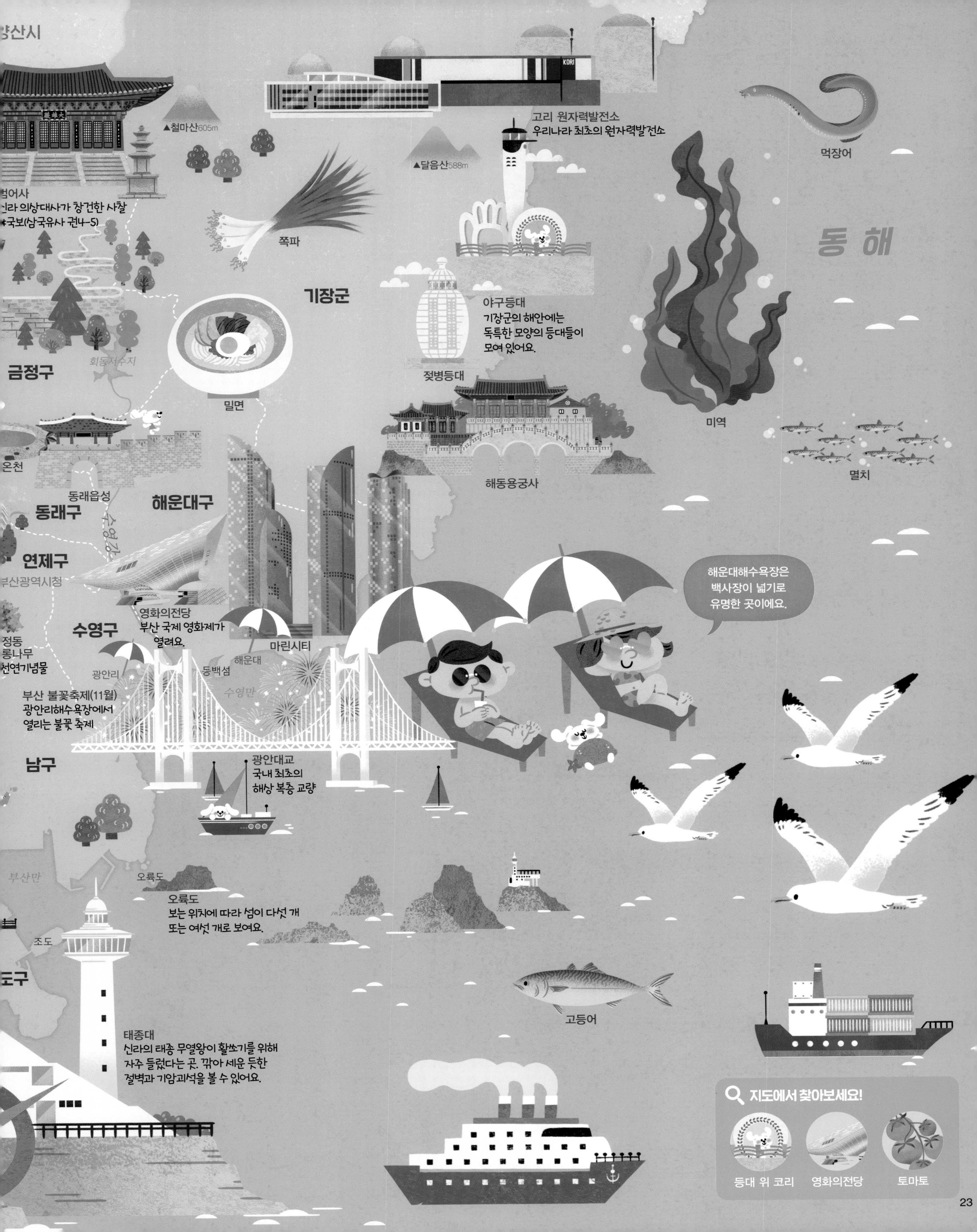

양산시
▲철마산605m
▲달음산588m
고리 원자력발전소
우리나라 최초의 원자력발전소
먹장어
범어사
신라 의상대사가 창건한 사찰
국보(삼국유사 권4~5)
쪽파
동 해
기장군
야구등대
기장군의 해안에는
독특한 모양의 등대들이
모여 있어요.
젖병등대
금정구
회동저수지
밀면
미역
멸치
온천
해동용궁사
동래읍성
동래구
해운대구
수영강
연제구
부산광역시청
해운대해수욕장은
백사장이 넓기로
유명한 곳이에요.
영화의전당
부산 국제 영화제가
열려요.
수영구
마린시티
정동
롱나무
천연기념물
광안리
동백섬
해운대
수영만
부산 불꽃축제(11월)
광안리해수욕장에서
열리는 불꽃 축제
남구
광안대교
국내 최초의
해상 복층 교량
부산만
오륙도
오륙도
보는 위치에 따라 섬이 다섯 개
또는 여섯 개로 보여요.
조도
도구
고등어
태종대
신라의 태종 무열왕이 활쏘기를 위해
자주 들렀다는 곳. 깎아 세운 듯한
절벽과 기암괴석을 볼 수 있어요.
지도에서 찾아보세요!
등대 위 코리
영화의전당
토마토

강화
서해최북단백령도
대연평도
소연평도
서해 최북단비
옹진군의 백령도는
대한민국 영토에서
서해의 가장 북쪽에
있는 섬이에요.
인천은 국제공항과
무역항이 위치하는 광역시로
대한민국의 관문이에요.
교동도
교동향교
고려 시대에 지어진
가장 오래된 향교
점박이물범
검은 반점이 있는
물범 #천연기념물
#백령도
백령도
까나리
말도
석모도
볼음도
옹진군
대청도
주문도
밴댕이
소청도
황 해
옹진군은 서해 5도를
비롯해 115개의 섬으로
이루어져 있어요.
경기만
꽃게
조기
선미도
서해안에서 주로
잡히는 꽃게는 인천의
특산물이에요.
옹진군
장경리
영흥도
선재도
자월도
덕적도
서포리
소야도
흑도
바지락
문갑도
덕적군도
소이작도
대이작도
승봉도
새우
사승봉도
풀등
조수간만의 차에 따라
썰물 때만 거대한 모래섬이
나타났다가 사라져요.
지도에서 찾아보세요!
짜장면
점박이물범
부채 든 코리

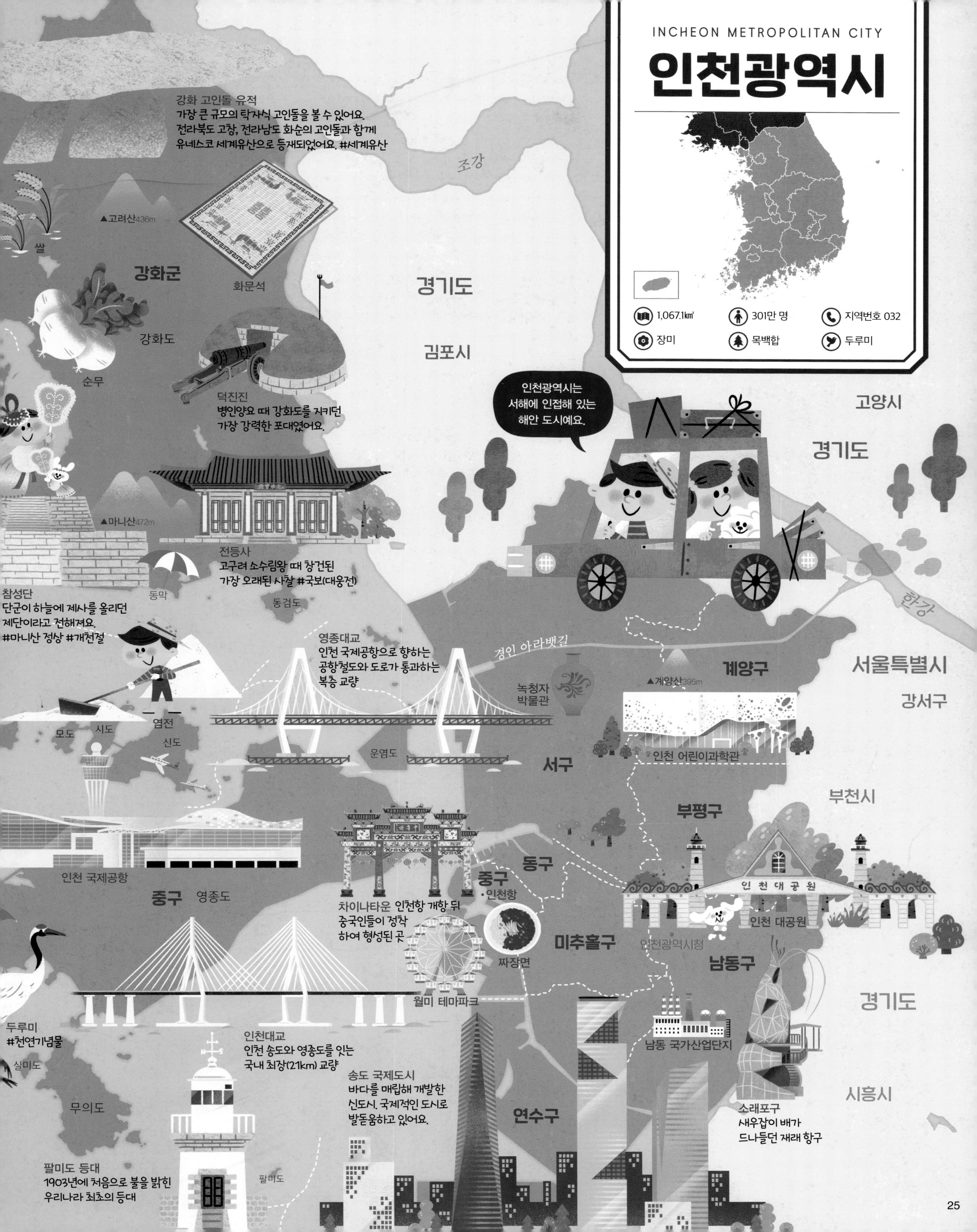
INCHEON METROPOLITAN CITY
인천광역시
1,067.1㎢
301만 명
지역번호 032
장미
목백합
두루미
인천광역시는 서해에 인접해 있는 해안 도시예요.
강화 고인돌 유적
가장 큰 규모의 탁자식 고인돌을 볼 수 있어요. 전라북도 고창, 전라남도 화순의 고인돌과 함께 유네스코 세계유산으로 등재되었어요. #세계유산
조강
▲고려산436m
쌀
강화군
화문석
경기도
강화도
김포시
순무
덕진진
병인양요 때 강화도를 지키던 가장 강력한 포대였어요.
고양시
경기도
▲마니산472m
전등사
고구려 소수림왕 때 창건된 가장 오래된 사찰 #국보(대웅전)
참성단
단군이 하늘에 제사를 올리던 제단이라고 전해져요. #마니산 정상 #개천절
동막
동검도
한강
영종대교
인천 국제공항으로 향하는 공항철도와 도로가 통과하는 복층 교량
경인 아라뱃길
계양구
▲계양산395m
서울특별시
강서구
녹청자 박물관
모도
시도
염전
신도
운염도
인천 어린이과학관
서구
부천시
부평구
인천 국제공항
동구
중구
영종도
중구
•인천항
인천대공원
차이나타운 인천항 개항 뒤 중국인들이 정착하여 형성된 곳
인천 대공원
미추홀구
인천광역시청
남동구
짜장면
월미 테마파크
경기도
두루미
#천연기념물
인천대교
인천 송도와 영종도를 잇는 국내 최장(21km) 교량
남동 국가산업단지
실미도
송도 국제도시
바다를 매립해 개발한 신도시. 국제적인 도시로 발돋움하고 있어요.
시흥시
무의도
연수구
소래포구
새우잡이 배가 드나들던 재래 항구
팔미도 등대
1903년에 처음으로 불을 밝힌 우리나라 최초의 등대
팔미도

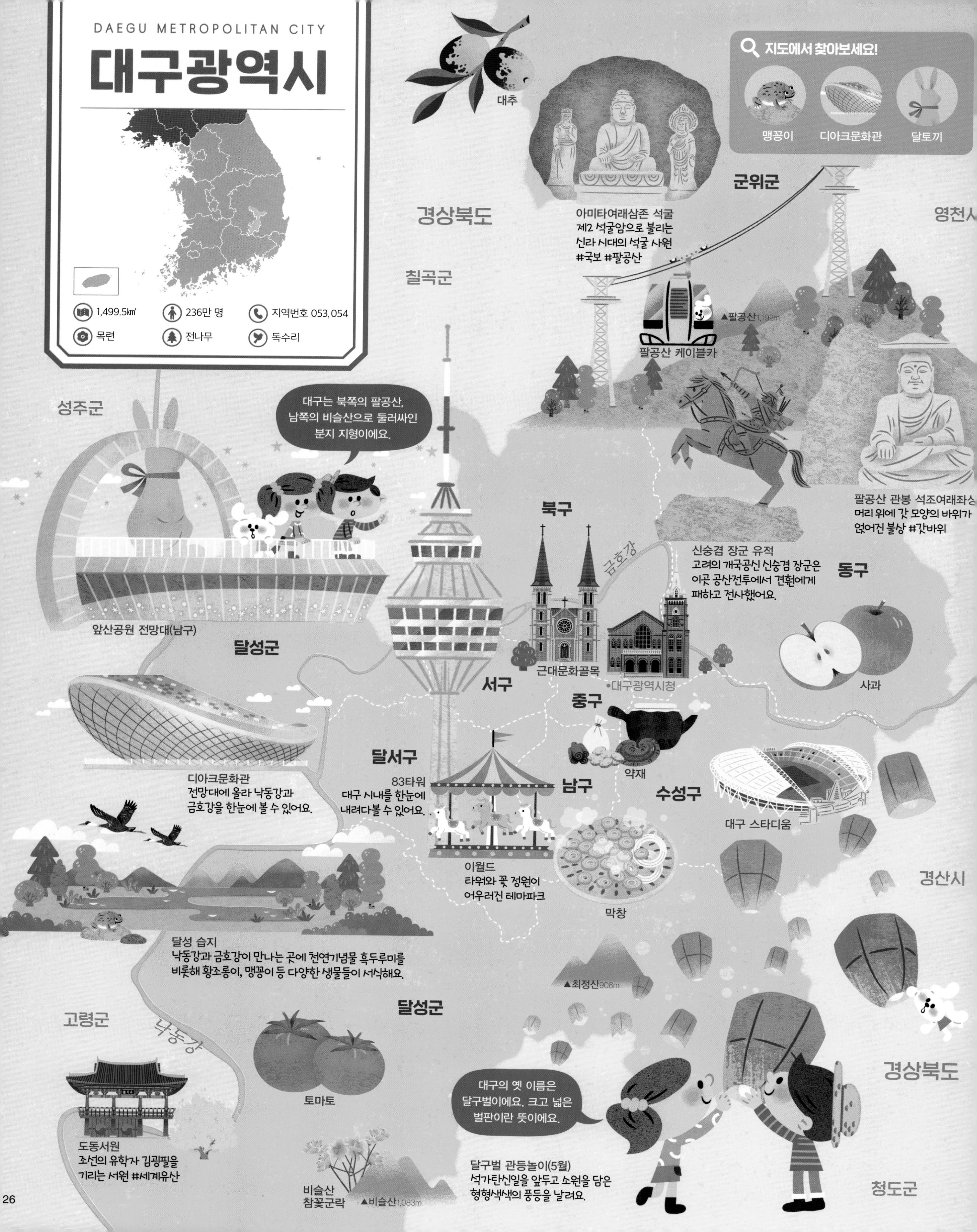
DAEGU METROPOLITAN CITY
대구광역시
1,499.5㎢
236만 명
지역번호 053, 054
목련
전나무
독수리
지도에서 찾아보세요!
맹꽁이
디아크문화관
달토끼
대추
아미타여래삼존 석굴
제2 석굴암으로 불리는
신라 시대의 석굴 사원
#국보 #팔공산
군위군
경상북도
영천시
칠곡군
▲팔공산1,192m
팔공산 케이블카
성주군
대구는 북쪽의 팔공산,
남쪽의 비슬산으로 둘러싸인
분지 지형이에요.
팔공산 관봉 석조여래좌상
머리 위에 갓 모양의 바위가
얹어진 불상 #갓바위
북구
금호강
신숭겸 장군 유적
고려의 개국공신 신숭겸 장군은
이곳 공산전투에서 견훤에게
패하고 전사했어요.
동구
앞산공원 전망대(남구)
달성군
근대문화골목
•대구광역시청
사과
서구
중구
달서구
약재
디아크문화관
전망대에 올라 낙동강과
금호강을 한눈에 볼 수 있어요.
83타워
대구 시내를 한눈에
내려다볼 수 있어요.
남구
수성구
대구 스타디움
이월드
타워와 꽃 정원이
어우러진 테마파크
경산시
막창
달성 습지
낙동강과 금호강이 만나는 곳에 천연기념물 흑두루미를
비롯해 황조롱이, 맹꽁이 등 다양한 생물들이 서식해요.
▲최정산906m
고령군
낙동강
달성군
토마토
대구의 옛 이름은
달구벌이에요. 크고 넓은
벌판이란 뜻이에요.
경상북도
도동서원
조선의 유학자 김굉필을
기리는 서원 #세계유산
달구벌 관등놀이(5월)
석가탄신일을 앞두고 소원을 담은
형형색색의 풍등을 날려요.
비슬산
참꽃군락
▲비슬산1,083m
청도군

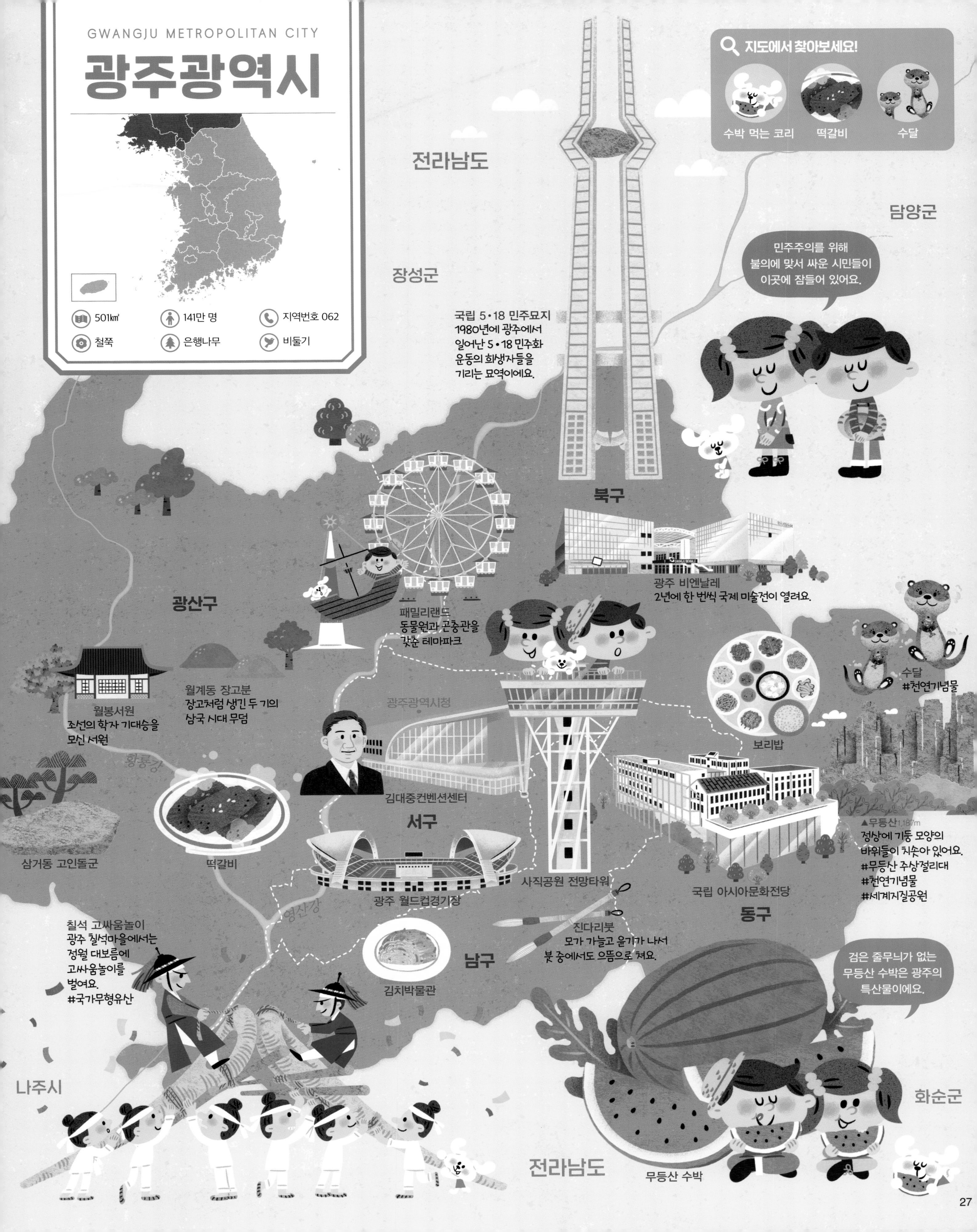

GWANGJU METROPOLITAN CITY
광주광역시
501㎢
141만 명
지역번호 062
철쭉
은행나무
비둘기
지도에서 찾아보세요!
수박 먹는 코리
떡갈비
수달
전라남도
담양군
장성군
민주주의를 위해 불의에 맞서 싸운 시민들이 이곳에 잠들어 있어요.
국립 5·18 민주묘지
1980년에 광주에서 일어난 5·18 민주화 운동의 희생자들을 기리는 묘역이에요.
북구
광주 비엔날레
2년에 한 번씩 국제 미술전이 열려요.
패밀리랜드
동물원과 곤충관을 갖춘 테마파크
광산구
월봉서원
조선의 학자 기대승을 모신 서원
월계동 장고분
장고처럼 생긴 두 기의 삼국 시대 무덤
광주광역시청
수달
#천연기념물
보리밥
김대중컨벤션센터
황룡강
삼거동 고인돌군
떡갈비
서구
▲무등산 1,187m
정상에 기둥 모양의 바위들이 치솟아 있어요.
#무등산 주상절리대
#천연기념물
#세계지질공원
사직공원 전망타워
국립 아시아문화전당
광주 월드컵경기장
영산강
동구
칠석 고싸움놀이
광주 칠석마을에서는 정월 대보름에 고싸움놀이를 벌여요.
#국가무형유산
진다리붓
모가 가늘고 윤기가 나서 붓 중에서도 으뜸으로 쳐요.
남구
김치박물관
검은 줄무늬가 없는 무등산 수박은 광주의 특산물이에요.
나주시
화순군
전라남도
무등산 수박

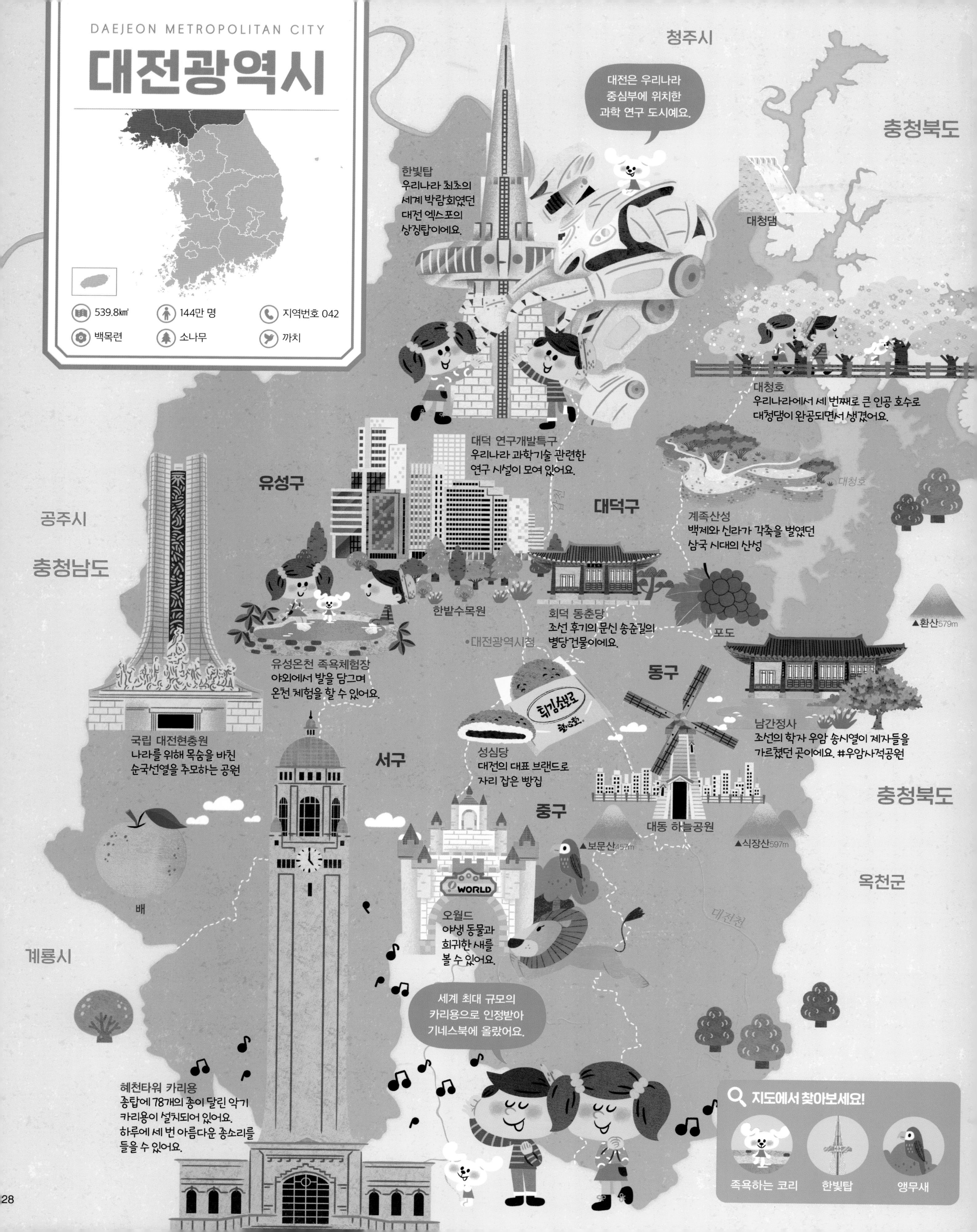

DAEJEON METROPOLITAN CITY
대전광역시
539.8㎢
144만 명
지역번호 042
백목련
소나무
까치
청주시
대전은 우리나라 중심부에 위치한 과학 연구 도시예요.
충청북도
한빛탑
우리나라 최초의 세계 박람회였던 대전 엑스포의 상징탑이에요.
대청댐
대청호
우리나라에서 세 번째로 큰 인공 호수로 대청댐이 완공되면서 생겼어요.
대덕 연구개발특구
우리나라 과학기술 관련한 연구 시설이 모여 있어요.
유성구
대덕구
갑천
대청호
계족산성
백제와 신라가 각축을 벌였던 삼국 시대의 산성
공주시
충청남도
한밭수목원
회덕 동춘당
조선 후기의 문신 송준길의 별당건물이에요.
포도
▲환산579m
•대전광역시청
유성온천 족욕체험장
야외에서 발을 담그며 온천 체험을 할 수 있어요.
동구
튀김소보로
국립 대전현충원
나라를 위해 목숨을 바친 순국선열을 추모하는 공원
서구
성심당
대전의 대표 브랜드로 자리 잡은 빵집
남간정사
조선의 학자 우암 송시열이 제자들을 가르쳤던 곳이에요. #우암사적공원
충청북도
중구
대동 하늘공원
▲보문산457m
▲식장산597m
배
WORLD
오월드
야생 동물과 희귀한 새를 볼 수 있어요.
옥천군
대전천
계룡시
세계 최대 규모의 카리용으로 인정받아 기네스북에 올랐어요.
혜천타워 카리용
종탑에 78개의 종이 달린 악기 카리용이 설치되어 있어요.
하루에 세 번 아름다운 종소리를 들을 수 있어요.
지도에서 찾아보세요!
족욕하는 코리
한빛탑
앵무새

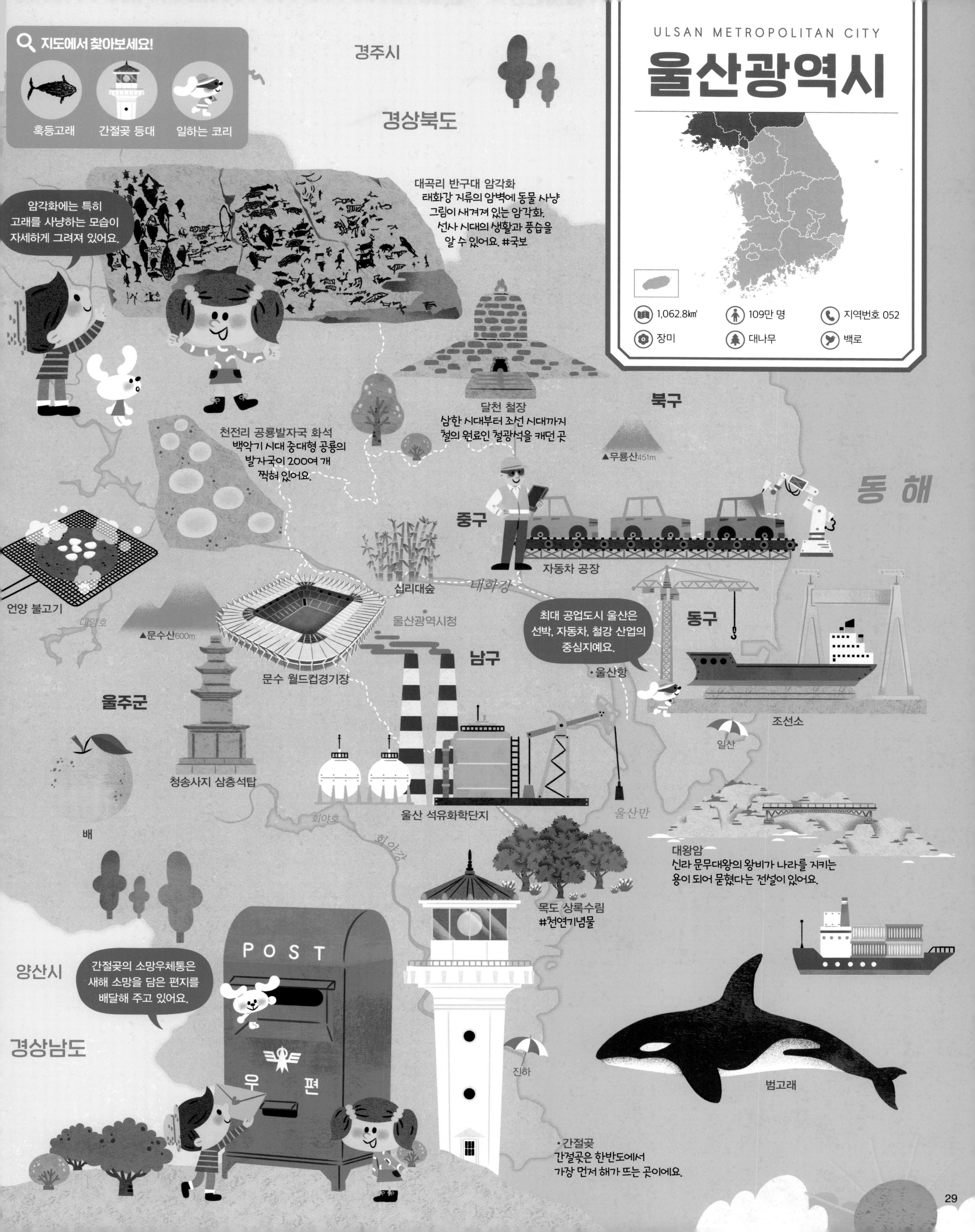
ULSAN METROPOLITAN CITY
울산광역시
1,062.8㎢
109만 명
지역번호 052
장미
대나무
백로
지도에서 찾아보세요!
혹등고래
간절곶 등대
일하는 코리
경주시
경상북도
대곡리 반구대 암각화
태화강 지류의 암벽에 동물 사냥 그림이 새겨져 있는 암각화. 선사 시대의 생활과 풍습을 알 수 있어요. #국보
암각화에는 특히 고래를 사냥하는 모습이 자세하게 그려져 있어요.
달천 철장
삼한 시대부터 조선 시대까지 철의 원료인 철광석을 캐던 곳
북구
▲무룡산451m
천전리 공룡발자국 화석
백악기 시대 중대형 공룡의 발자국이 200여 개 찍혀 있어요.
동 해
중구
자동차 공장
언양 불고기
십리대숲
태화강
대암호
▲문수산600m
울산광역시청
최대 공업도시 울산은 선박, 자동차, 철강 산업의 중심지예요.
동구
남구
문수 월드컵경기장
•울산항
울주군
조선소
일산
청송사지 삼층석탑
울산 석유화학단지
울산만
회야호
배
회야강
대왕암
신라 문무대왕의 왕비가 나라를 지키는 용이 되어 묻혔다는 전설이 있어요.
목도 상록수림
#천연기념물
POST
양산시
간절곶의 소망우체통은 새해 소망을 담은 편지를 배달해 주고 있어요.
경상남도
우 편
진하
범고래
•간절곶
간절곶은 한반도에서 가장 먼저 해가 뜨는 곳이에요.

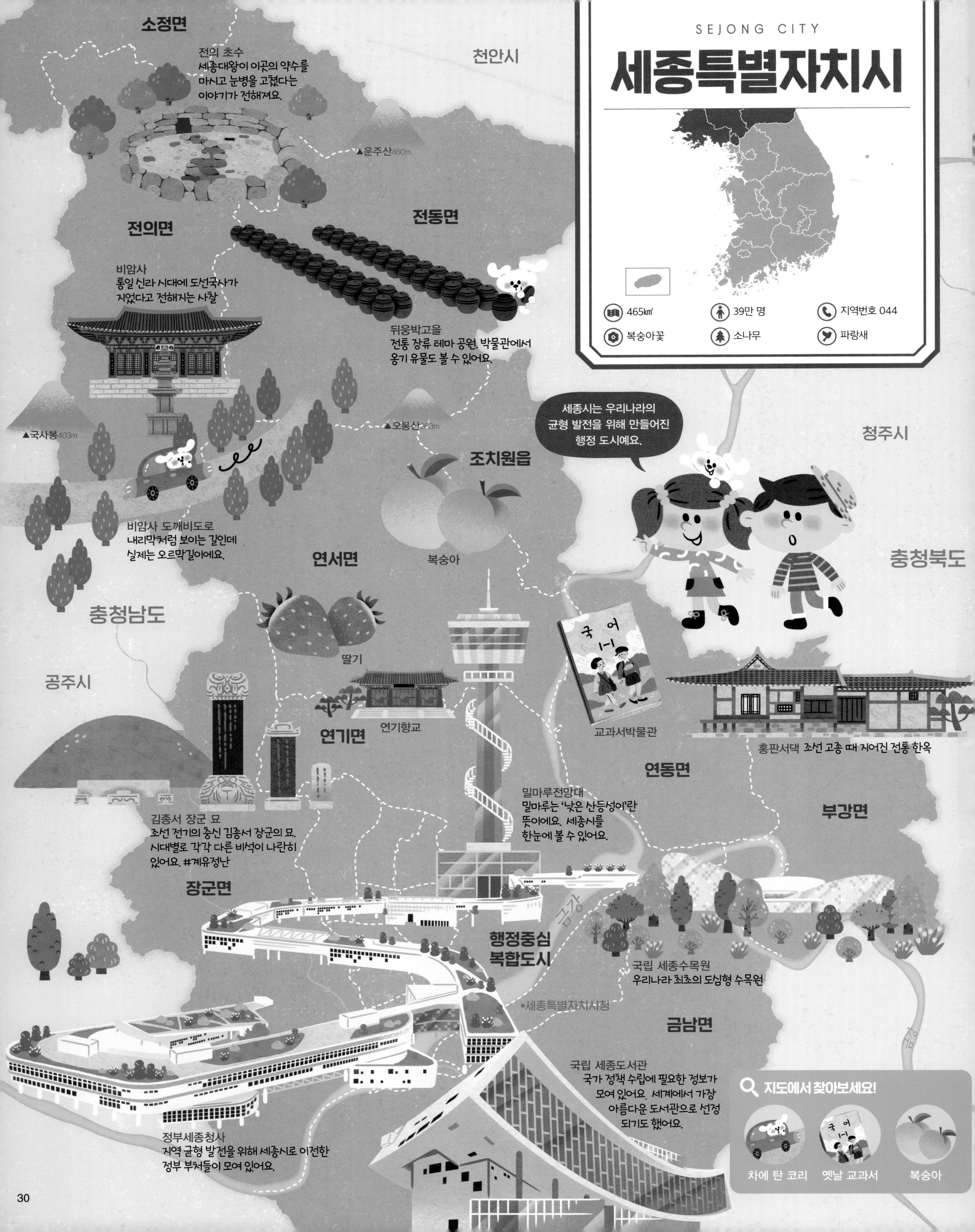

SEJONG CITY
세종특별자치시
465㎢
39만 명
지역번호 044
복숭아꽃
소나무
파랑새
소정면
전의 초수
세종대왕이 이곳의 약수를 마시고 눈병을 고쳤다는 이야기가 전해져요.
천안시
▲운주산460m
전의면
전동면
비암사
통일 신라 시대에 도선국사가 지었다고 전해지는 사찰
뒤웅박고을
전통 장류 테마 공원. 박물관에서 옹기 유물도 볼 수 있어요.
▲국사봉403m
▲오봉산263m
세종시는 우리나라의 균형 발전을 위해 만들어진 행정 도시예요.
청주시
조치원읍
비암사 도깨비도로
내리막처럼 보이는 길인데 실제는 오르막길이에요.
연서면
복숭아
충청북도
충청남도
딸기
공주시
연기향교
연기면
국어
교과서박물관
홍판서댁 조선 고종 때 지어진 전통 한옥
연동면
김종서 장군 묘
조선 전기의 충신 김종서 장군의 묘. 시대별로 각각 다른 비석이 나란히 있어요. #계유정난
밀마루전망대
밀마루는 '낮은 산등성이'란 뜻이에요. 세종시를 한눈에 볼 수 있어요.
부강면
장군면
금강
행정중심 복합도시
국립 세종수목원
우리나라 최초의 도심형 수목원
•세종특별자치시청
금남면
국립 세종도서관
국가 정책 수립에 필요한 정보가 모여 있어요. 세계에서 가장 아름다운 도서관으로 선정되기도 했어요.
지도에서 찾아보세요!
차에 탄 코리
옛날 교과서
복숭아
정부세종청사
지역 균형 발전을 위해 세종시로 이전한 정부 부처들이 모여 있어요.

DOKDO
독도
울릉도-독도의 거리 87.4km
지도에서 찾아보세요!
어린 강치
독도 영토 표석
바위 위 코리
동해
큰가제바위
작은가제바위
괭이갈매기
김바위
지네바위
상장군바위
삼형제굴바위
삼형제굴바위
▲대한봉168.5m
군함바위
넙덕바위
서도
섬초롱꽃
울릉도와 독도의
바닷가 풀밭에서
자생하는 꽃
코끼리바위
촛대바위 촛대바위
닭바위
독도경비대
우리나라 최동단 독도를
경비하는 임무를 수행해요.
#경상북도 경찰청
경찰
경상북도 울릉군
울릉읍에 속하는 동도는
대한민국 최동단이에요.
동도
천장굴
물오리바위
독립문바위
독도 영토 표석
1954년에 세운
영토 표석
섬기린초
울릉도와 독도에서
자생하는 꽃
코끼리바위
화산섬 독도는 두 개의
큰 섬과 89개의 부속 섬으로
이루어졌어요.
촛발바위
전차바위
독도 여객선
울릉도 항구(저동항, 사동항)에서 배를 타고 약 1시간 30분이면
동도에 위치한 독도 선착장에 도착해요.
독도새우
강치
파랑돔
독도
독도는 수많은 철새들의 휴식처이며, 플랑크톤이
풍부해 다양한 바다 생물이 서식하고 있어요. 또한
60여 종의 식물이 척박한 환경에서 뿌리내리고 있어
섬 전체가 천연 보호 구역으로 지정되었어요.
#천연기념물

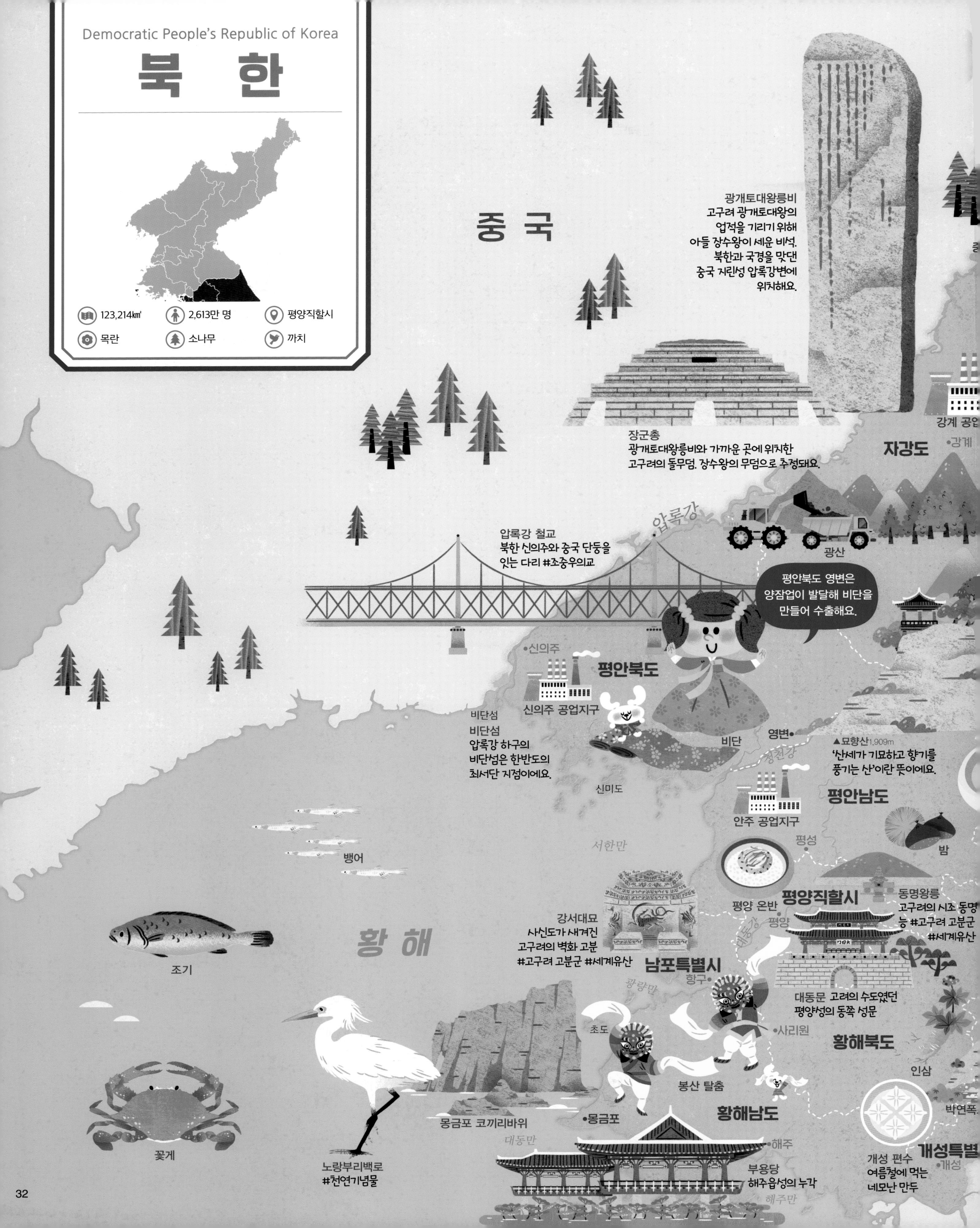

Democratic People's Republic of Korea
북 한
123,214㎢
2,613만 명
평양직할시
목란
소나무
까치
중 국
광개토대왕릉비
고구려 광개토대왕의
업적을 기리기 위해
아들 장수왕이 세운 비석.
북한과 국경을 맞댄
중국 지린성 압록강변에
위치해요.
장군총
광개토대왕릉비와 가까운 곳에 위치한
고구려의 돌무덤. 장수왕의 무덤으로 추정돼요.
강계 공업
자강도
강계
압록강
광산
압록강 철교
북한 신의주와 중국 단둥을
잇는 다리 #조중우의교
평안북도 영변은
양잠업이 발달해 비단을
만들어 수출해요.
신의주
평안북도
신의주 공업지구
비단섬
비단섬
압록강 하구의
비단섬은 한반도의
최서단 지점이에요.
비단
영변
청천강
▲묘향산1,909m
'산세가 기묘하고 향기를
풍기는 산'이란 뜻이에요.
신미도
안주 공업지구
평안남도
서한만
평성
밤
뱅어
평양 온반
평양직할시
동명왕릉
고구려의 시조 동명
능 #고구려 고분군
#세계유산
평양
대동강
강서대묘
사신도가 새겨진
고구려의 벽화 고분
#고구려 고분군 #세계유산
황 해
조기
남포특별시
항구
광량만
대동문 고려의 수도였던
평양성의 동쪽 성문
초도
사리원
황해북도
인삼
봉산 탈춤
황해남도
몽금포
몽금포 코끼리바위
대동만
박연폭
꽃게
노랑부리백로
#천연기념물
해주
부용당
해주읍성의 누각
해주만
개성 편수
여름철에 먹는
네모난 만두
개성특별
개성

러시아
두만강
•회령
나선특별시
웅기만
나선•
나진만
백두산 정상에는 칼데라 호인 천지가 있어요.
곰
백살구
옥수수
▲백두산2,744m
한반도에서 가장 높은 산. 호랑이, 표범 등 희귀 동물이 서식해요. #활화산
함경북도
•청진
청진만
물개
삼지연 백두산 기슭의 호수. 한반도에서 가장 추운 지역
청진 공업지구
감자
•혜산
목재
호랑이
양강도
귀리
명란젓
명태의 알이 작고 맛있기로 유명해요.
▲칠보산1,103m
개마고원 한반도의 지붕으로 불리는 높고 드넓은 고원
명태
풍산개
성진만
마운령 진흥왕 순수비
신라 진흥왕이 가장 멀리 세운 비석 #마운령비
사과
이원만
북청•
대구
북청 사자놀음
정월대보름에 사자탈을 쓰고 놀던 민속놀이
함경남도
홍원만
•함흥
함흥만
북한은 압록강과 두만강을 경계로 중국, 러시아와 접해 있어요.
동해
동한만
황초령 진흥왕 순수비
신라 진흥왕의 영토 확장을 알 수 있는 비석 #황초령비
영흥만
원산•
명사십리
밝게 빛나는 모래사장이 십리에 달해요.
원산 공업지구
강원도
총석정
육각의 돌기둥이 바다 위에 늘어서 있어요. #관동팔경 #주상절리
오징어
▲금강산1,646m
1만 2,000여 개의 봉우리에 기암괴석과 폭포가 어우러진 명산 #관동팔경
선죽교
고려 말 충신 정몽주가 이방원에게 죽임을 당한 곳 #개성역사유적지구#세계유산
지도에서 찾아보세요!
함흥냉면
탈춤 추는 코리
선죽교
백살구
풍산개

No.1 대한민국 국가 상징

태극기

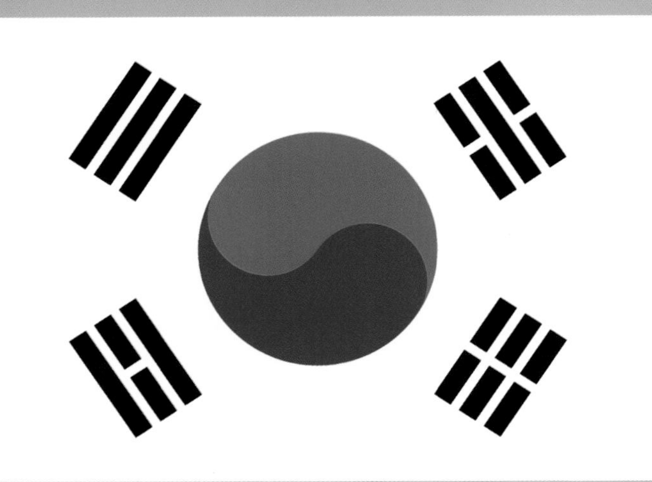

흰색 바탕에 가운데 태극 문양과 네 모서리의 건곤감리 4괘가 있어요. 태극의 파란색과 빨간색은 '음'과 '양'의 조화를 상징하며, 4괘는 각각 하늘, 땅, 물, 불을 뜻해요.

태극기 그리는 방법

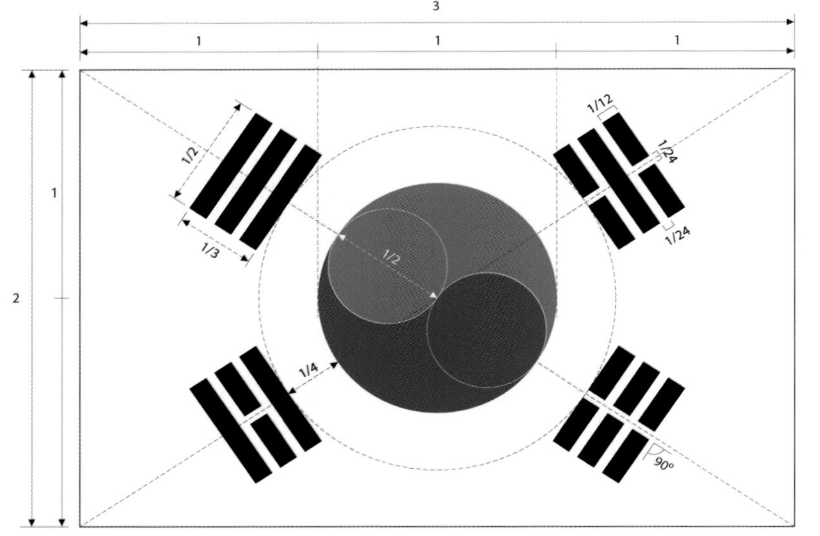

가로 : 세로 = 3 : 2

애국가

안익태 작곡

보통빠르게

1. 동 해 물과 백 두 산 이 마 르 고 닳 도 록
2. 남 산 위에 저 소 나 무 철 갑 을 두 른 듯
3. 가 을 하 늘 공 활 한 데 높 고 구 름 없 이
4. 이 기 상과 이 맘 으 로 충 성 을 다 하 여

하 느님이 보 우-하 사 우리나라만 세
바 람서리 불 변-함 은 우리기상일 세
밝 은달은 우 리-가 슴 일편단심일 세
괴 로우나 즐 거-우 나 나라사랑하 세

(후렴) 무 -궁화 삼 -천리 화 려 강 - 산

대 한사람 대 한-으 로 길 이보전하 세

국새

국가의 권위를 나타내는 나라 도장으로, '대한민국' 글자가 훈민정음체로 새겨져 있어요. 나라의 중요 문서에 사용돼요.

나라 문장

무궁화 꽃잎 다섯 장이 태극 문양을 감싸고, '대한민국'이 새겨진 리본이 그 테두리를 둘러싼 모양이에요. 대통령 표창장, 공무원 신분증, 화폐, 여권 등에 사용돼요.

무궁화

무궁화는 '영원히 피고 또 피어서 지지 않는 꽃'이라는 뜻이에요. 우리 민족은 고조선 이전부터 무궁화를 하늘나라의 꽃으로 귀하게 여겼어요. 기관의 깃발, 훈장과 상장, 국회의원 배지 등에 무궁화 도안이 쓰여요.

찾아보기
Index

글 책마중
어린이를 위한 콘텐츠를 모으고 쓰고 다듬는 출판 에디터 모임입니다. 다양한 분야에서 경력을 쌓은 편집자, 기획자, 작가, 스토리텔러, 북디자이너들이 프로젝트에 동참합니다. 한 바가지의 물이 큰 물을 끌어올리는 것처럼 한 권의 책이 똑똑한 아이, 따뜻한 아이로 자라는 데 결정적인 마중물이 됨을 믿으며 책을 만들고 있습니다.

그림 문지현
대학에서 섬유미술을, 대학원에서 문화콘텐츠를 공부했습니다. 그래픽 디자이너로 일하다 지금은 어린이책 그림작가로 활동하고 있습니다. 어린이의 눈에 드는 따뜻하고 사랑스러운 그림을 그리는 작가가 되고 싶어합니다. 그린 책으로는 〈방구석 탈출 글로벌 어린이 세계지도〉〈노래하는 세계지도〉〈개념어휘 한번 알면 평생 국어왕〉〈생활에서 발견한 재미있는 과학 55〉〈사자소학으로 배우는 인성 한자〉 등이 있습니다.

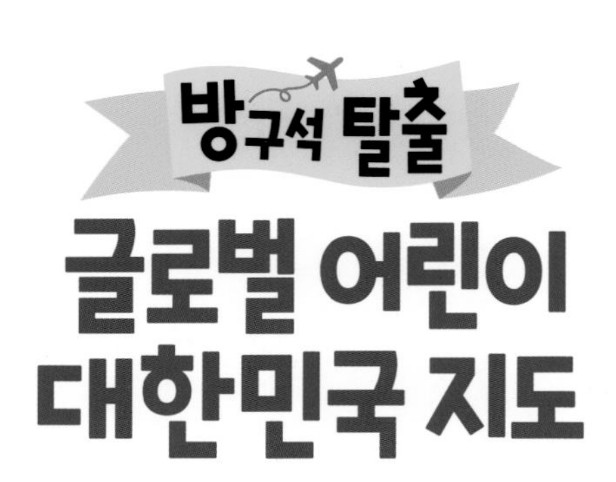

2025년 1월 15일 1판 2쇄 발행

글 책마중 | 그림 문지현
펴낸이 나성훈 | **펴낸곳** (주)예림당 | **등록** 제2013-000041호
주소 서울특별시 성동구 아차산로 153 예림출판문화센터
구매문의 전화 561-9007 | **팩스** 562-9007 | **홈페이지** www.yearim.kr
편집장 이지안 | **편집** 박효정 최은송 | **디자인** 이현주
ISBN 978-89-302-6268-2 73980

⚠주의: 책을 던지거나 떨어뜨리면 다칠 우려가 있으니 주의하십시오.